ちくま新書

ヒトの発達の謎を解く

——胎児期から人類の未来まで

明和政子
Myowa Masako

1442

ヒトの発達の謎を解く——胎児期から人類の未来まで【目次】

イラスト図版作成＝宇田川由美子

序章　ヒトが直面する二つの危機

今の思いを、一冊の本として書き留めておきたい。そう思ったきっかけがありました。

二〇一六年一月三一日、「NHKスペシャル　ママたちが非常事態!?――最新科学で迫るニッポンの子育て」という科学番組がNHK総合で放映されました。この番組制作に、人間の脳と心の育ちを専門とする研究者の立場から関わる機会がありました。制作局科学・環境番組部の井上チーフプロデューサー、兼子チーフディレクター、小林ディレクターらが中心となり、一年以上の歳月をかけて丁寧に検証、議論を尽くした末に誕生した力作でした。

子育てに関する悩みや解決策を取り上げた番組は、これまでも数多くあったと思います。しかし、科学的アプローチから子育てにまつわる問題に本格的に切り込んだ番組は、これが初めてだったのではないでしょうか。この番組制作の目的は、育児ストレスなどの深刻な問題が起こる理由を科学的知見に基づき説明すること、真に妥当な解決策はその土台の上に見出せるものであること、子育てという営みを通じて、子どもだけでなく、育てる親の側の脳や心も発達し続けるという事実を社会にきちんと伝えることでした。

放送後の反響は、私たちの予想をはるかに超えるものでした。さまざまな疑問や意見、続編の希望が視聴者から多数寄せられ、放送後わずか一カ月足らずで、第二弾「ママたちが非常事態!? 2――母と〝イクメン〟の最新科学（二〇一六年三月二七日・NHK総合）」の制作、放映が決まったのです。こうした展開は、NHKスペシャル始まって以来とのことでした。その後、海外版の制作、そしてDVDや書籍化も実現しました（図0－1）。さらに二〇一七年には、思春期の子どもたちが抱える問題や夫婦不和などをテーマとした「ニッポンの家族が非常事態!?」と題した続編も制作、放映されています。

現代社会では、真っ暗なトンネルの中で出口が見えないまま、不安な気持ちで子育てに向き合っている方々が何と多いことか。番組放送後に起こった大きな反響が、それを明確に物語っていました。同時に、記憶の彼方に葬られていた、十数年前に私自身が経験した子育てのつらさ、苦悩が鮮明によみがえってきたのです。

その数日後、私はフランクフルトに向かいました。世界中から選抜された二〇名あまりの科学者が一堂に会して行われるクローズド世界会議、「the Ernst Strüngmann Forum」に参加するためです。この会議の目的は、W

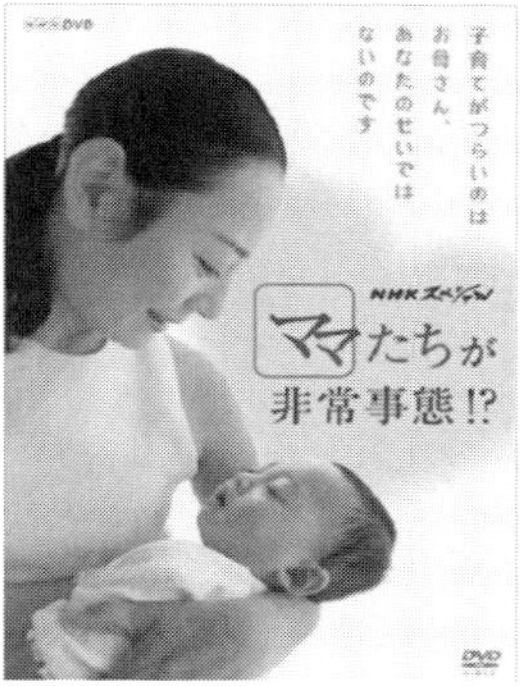

図0-1　NHKスペシャル「ママたちが非常事態!?」シリーズは大きな反響を呼んだ

HOが現在掲げている乳幼児の精神発達・保健の思想の柱となってきたジョン・ボウルビィ(一九〇七~九〇)の「アタッチメント(愛着)理論」(第三章で詳しく取り上げます)を科学的根拠に基づいて再考すること、それをふまえ、WHOに対してアタッチメント障害の国際的な分類の見直しを求める答申を諮ることでした。

ボウルビィは、健康な身体発達にとって適切な食事が不可欠であるのと同様に、子どもが養育者(母親的な役割を果たす者)との間でアタッチメントを形成することが健康な精神発達にとって不可欠だと考えました。人間が発達するということの科学的理解に、彼が果たしてきた功績は計り知れません。今も、心理的、社会的発達に問題を抱える子どもの治療方針や、子育てや教育に関する政策を立案する際の拠り所となっています。

では、なぜ今、彼の理論を再考することが必要なのでしょうか。

ひとつめの理由は、ボウルビィのアタッチメント理論は、ニホンザルに代表される旧世界ザルに特徴的な母子関係を念頭において提唱されている点です。

ボウルビィは、同時代に生きたハリー・ハーロウ(一九〇五~八一)によるアカゲザルの代理母実験の影響を強く受けていました。ハーロウは、生後すぐに母親から引き離した子ザルに二種類の「代理母」を与えました。ひとつは哺乳瓶が取りつけられた針金で作られた代理母、もうひとつは哺乳瓶はつけられてはいませんが、柔らかい布で覆われ体温くらいまで暖められた代理母でした。子ザルの反応は明瞭でした。一貫して、布製の代理母を好んだのです(図0-2)。おなかがすくと針金製の代理母に移動して乳を飲みますが、その後すぐに布製の代理母のほうへ戻ります。フロイトに始まる当時の精神分析学では、子どもは栄養を与えてくれる存在を信頼し、求めようとするという考え方が主流でした。しかし、ハーロウの実験は、温かな身体の触れ合いこそが子どもにとって必要であることを見事に実証したのです。

図0-2 ハーロウによるアカゲザルの代理母実験。子ザルは、温かな布製の代理母のほうを哺乳瓶つきの針金製代理母よりも好んだ

この結果は、学術界だけでなく、一般社会にもセンセーションを巻き起こしました(後日談ですが、ハーロウの実験は実験動物の扱い方という点で非難が高まり、アメリカで動物愛護運動が盛んになるきっかけともなりました)。

ハーロウが実験に用いたのは、アカゲザルという霊長類です。ニホンザルの仲間で、旧世界ザルに属します。旧世界ザルの多くは、母親がひとりで子どもを育てます。出産から数週間は、子どもは二四時間母親の胸にしがみついたまま育ちます。アカゲザルにとって、母子の関係は特別なものです。

ところが、こうした特別な母子関係は、他の霊長類すべてに当てはまるわけではありません。マーモセットという、南米に生息する新世界ザルがいます。マーモセット科の多くの種は、一夫一妻型の配偶関係を築いています。彼らの子育てのしかたは、アカゲザルとはずいぶん異なります。父親が積極的に養育に関わり、出産後すぐに子どもを運搬する役割などを担います。兄や姉にあたる個体も、養育を手伝います（図0－3）。マーモセットの父親が子育てを積極的に行うことには、生存をかけた理由があります。霊長類の多くは一度に一個体だけ産むのに対し、マーモセット科の多くは一度に複数（多くは二個体）産みます。おまけに、新生児の出生時体重は母親の体重の一〇％以上あるので、母親だけで複数の子どもを同時に育て

図0-3　子どもを背負うコモンマーモセット（*Callithrix jacchus*）の父親（撮影：齋藤慈子）

ていくことはできません。

アカゲザルの母子関係のイメージを、ヒトの母子にそっくりそのまま当てはめ、アタッチメントについて議論することにはもっと慎重であるべきなのです。

この問題と関連しますが、ボウルビィのアタッチメント理論について留意すべき点の二つめは、彼が想定していた母子関係は、欧米圏の白人中流階級に特化したステレオタイプに基づくものであったことです。

近年の人類学や社会学は、ヒトの子どもと養育者間でみられるアタッチメントは、文化によって多様である点を強調しています。例えば、アフリカのアカや南米のアチェなどの狩猟採集社会では、母子という二者関係に限定されない、複数で共同して養育する形態が一般的であると言います。アカは、母親をおもな養育者としつつも、およそ二〇名が子どもの養育に関わります。そして、実際に子どもがアタッチメントを示す対象は、母親を含む五〜六人にしぼられていくそうです。

ヒトのアタッチメントの生物学的・文化的な多様性、そしてそれが柔軟に形成されていく多様な軌跡を科学的に解き明かすことで、ヒトのもつアタッチメントの本質と意義をより正しく理解するべきである。今、学術界でこうした機運が高まっているのです。

フランクフルトでの会議に話を戻しましょう。

会議の一年前、コアメンバーのひとりとして三日間にわたる議論に参加し、招聘する研究者を慎重に選出しました。一年以上時間をかけてようやく実現した会議ですから、会議当日は思いもひとしおでした。会議には、神経科学、医学、心理学、人類学、霊長類学など、各分野を代表するトップリーダーが集まりました。まるまる一週間、朝八時から夜一九時まで会議場にこもって議論を重ね、ホテルとの往復をひたすら繰り返すという、きわめてハードな日程でした。学会などで普段使い慣れているパワーポイントなどの視覚媒体は一切使わず、口頭での議論のみで進行していきます。英語を母国語としない私にとって、これまでにないほど心身が消耗した会議でしたが、その時空間には、参加した研究者全員が一丸となって目標に向かっているのだという一体感がありました。そして、最終的にまとめた内容に対して、責任感と達成感を世界レベルで共有することができたのです。

その成果は、『The Cultural Nature of Attachment: Contextualizing Relationships and Development』と題する一冊の本にまとめられました。そして一年後、この本の重要性が世界で認められ、Ursula Gielen Global Psychology Book Award を受賞しました（図0-4）。

図0-4　アタッチメントの本質について世界中の研究者が一堂に会して議論した。その成果は1冊の本にまとめられた

今、現代社会が強く求めているもの、世界中の研究者の志、これらの現実を目の当たりにした私は、帰国後、私が生きる場に目を向けずにはいられませんでした。子どもへの虐待、母親のうつ、歯止めのきかない少子化現象など、子育てにまつわる問題は深刻さを増すばかりです。二〇一六年に厚生労働省が発表した調査によると、児童相談所が対応した虐待事例は年々増え続け、二〇一五年にはとうとう一〇万件を超えました。

子どもたちも、苦しんでいます。いじめ、不登校、不安障害、引きこもり、抑うつ、薬物依存や自殺など、自分と他者の心を理解することに苦悩し、対人関係に起因する精神的問題を抱える子どもたちの数は増加の一途をたどっています。知的発達に遅れはないものの、学習面や行動面で著しい困難を示す児童生徒の割合は、教師による回答（医師の診断によらない）だけで六・五％（二〇一二年調査、文部科学省・二〇一三）にのぼり、その多くが注意欠如多動症（ＡＤＨＤ）、自閉スペクトラム症（ＡＳＤ）、限局性学習症（ディスレクシア等）などの発達障害を有しています。さらに、学齢期には症状として気づかれなかったものの、高等教育機関や就労場面において発達障害の診断が初めてつく症例も増加しています。

少子高齢化が加速度的に進むわが国において、次世代を担う子どもたち、そして彼らを生み育てる側の心身を守ることは、何よりの優先課題です。しかし、**既存の対応策、議論、支援内容が現代社会の問題に対応しきれていないことは、もはや自明**です。

ヒトの本性を科学的に理解することを目指している私たち基礎研究者は、まずはこの紛れもない現実を真摯に受け止めなければなりません。そして、基礎研究者としての立場から何をなすべきか、何ができるかを真剣に考えるべき時代がとうに来ていることを、もっと自覚する必要がある。「私は何をなすべきか、何ができるのか」。そうした思いが大きくなっていきました。

私が出した結論は、現代社会において対人関係にまつわる精神発達の問題がなぜこれほど顕著に起こっているのかの本質を証拠に基づいて説明する、つまり、ヒトの脳と心の発達のメカニズムを科学的に解き明かし、社会に正しい知識として届けることでした。その積み重ねの上にしか、現場で生かされる「真に適切な」子育て、教育支援を提案、実践することはできないはずだからです。

私は、本書を通じて、おもに次の二点を考えたいと思っています。

ひとつめは、先に述べたように、**現代社会において急増する子育てにまつわる問題**——発達障害の急増や児童虐待、産後うつなど育児や子育てにまつわるさまざまな問題、少子化、若年層の精神疾患の急増などの背景にある**本質を正しく理解すること**です。

こうした深刻な状況に、もはや目を背け続けてはいられなくなった今、なんとかその改善を図ろうとする議論が活発に行われるようになってきました。一〇年前と比べると、格段の改善です。しかし、私が問題だと感じるのは、それらの議論は問題が実際に起こった後にどうすればよいかを考える、つまり、事後的な対処に終始している点です。それだけでは、これらの問題の根幹まで解決することにはならないからです。

では、具体的にどうすればよいのでしょうか。

詳しくは次の第一章で述べますが、本書の目的は、「ヒトとは何か」「ヒトはどのように進化してきたのか」といったヒトの本質を理解することを第一に挙げたいと思います。

ヒトは数百万年という長い時間をかけて環境に適応しながら、今あるような姿かたちを獲得してきた生物です。同じことは、目には見えない心のはたらきにも当てはまります。ヒトの心の特性は、進化の過程で身体を取り巻く環境に適応しながら獲得されてきた。そのまぎれもない事実をもっと考慮すべきだと思うのです。そうした基本的理解なくして、ヒトの心、そしてそれを生み出す脳のはたらきが創発・発達する道すじ、さらに、その過程においてさまざまな問題が立ち現れる理由を正しく理解することはできません。

本書では、「ヒトの育ちにまつわる現代社会が抱える諸問題の背後には、ヒトが本来もつ特性と現代環境のミスマッチが深く関わっている」という立場にたって論を進めます。そして、それによって引き起こされている問題を、何らかの新たな方法で埋め合わせることができないかと考え、企業と連携しながら新たな育児環境の提案と社会実装に着手しています（詳しくは左記URLなどを参照ください）。

http://www.unicharm.co.jp/company/news/2017/1206016_3926.html

https://www.youtube.com/watch?v=RRYIlr1-2rU
http://www.unicharm.co.jp/trepanman/toitore/index.html

そして、もうひとつ本書で目指したことは、**人類の未来への責任を、今を生きる世代として果たす**ことです。

現在の深層学習（ディープラーニング）技術に基づく人工知能（ＡＩ）の急激な発展は、とどまるところを知りません。膨大なデータの取り扱いが可能となるＡＩは、日常生活上の便利なツールとしての役割を超え、ヒトの心的機能や行動、社会を予測的に理解するまで言われています。

また、こうした情報技術を生かしたロボット開発を、国の政策として推し進めようとする動きがとても盛んになっています。二〇一五年、政府は経済産業省を中心に「ロボット新戦略」を打ち立てました。「日本の津々浦々に「ロボットがある日常」をもたらし、都市全体としてロボット技術と融合した日本の姿をロボット・ショーケースとして世界に発信していく」ロボット大国を目指すのだそうです（経済産業省「ロボット新戦略」二〇一五年）。

しています。二〇二〇年夏に予定されている東京オリンピック開催に向けた準備が、その流れを後押ししているようです。外国人観光客向けの多言語対応サービスロボットを街のあちこちで見かけるようになる日も近いでしょう。

今、私たちが生きる環境は、「実世界と仮想世界とが交錯する」新たな時空間へと変化を遂げつつあります。VR（仮想現実・バーチャルリアリティ）やAR（拡張現実・オーグメンテッドリアリティ）技術の開発、普及が進み、仮想世界での知覚体験は、実世界でのそれと区別できないレベルにまで達しようとしています。仮想世界では、ある知覚情報を別の感覚へと変換したり、知覚時の時空間関係を自由に調整したりすることが可能となります。ヒトの脳と心が二〇万年という長い時間をかけて環境に適応してきた時間スケールを圧倒的にしのぐスピードで、環境が激変しているのです。

こうした環境が日常化したとき、それと相互作用する私たちの身体、そして脳や心には、いったいどのような影響が生じるのでしょうか。さらに未来に目を向けると、**人類がこれまで経験したことのない未曽有の環境で育つことになる子どもたちの脳や心の創発・発達には、どのような影響がもたらされる**のでしょうか。

今を生きている私たち人類は、これらの問題に正面から向き合い、次世代が生きる未来環境をどのように設計していくべきかを真剣に考える責任があると思います。そのためには、私たちが長い時間をかけて獲得してきた生物としてのヒトの特性と、それが創発・発達していく軌跡を理解しておかねばなりません。

本書が、人類の未来を皆さんとともに考えるきっかけとなれば幸いです。

第一章

生物としてヒトを理解する

†心を理解する方法

私たちは、日々、喜び、悩み、苦しみ、感動しながら生きています。そして、そんなことを感じている「私（Self）」という意識は、心のはたらきが生み出しているものです。では、そうした心のはたらきはどこからやってくるのでしょうか。その原理が科学的に解明されれば、ヒトのような心を持つモノ、ロボットを作ることができるのでしょうか。

心という現象は、目では確認することが難しいですから、その定義は研究者によってさまざまです。日常的によく経験する例でいうと、ある目標を実現するためには何が必要かをイメージし、努力しようとするなど自分で意図的に制御できる部分もあれば、人前で緊張を抑えられないといったような無意識的で制御できない側面もあります。他人の心と似ていると感じる部分もあれば、どうしても相容れないと感じる部分もあります。では、複雑極まりない心のはたらきを科学の視点で紐解くには、いったいどうしたらよいのでしょうか。

もっともわかりやすい方法は、心のはたらきという現象に関与すると思われる物質を特定していく（脳神経やDNAの塩基配列などの解析）、つまり、還元論的に調べていくことです。例えば、脳神経科学という研究分野では、脳の構造、分子、細胞レベルの脳内物質の動態変化、さらには脳のリアルタイム活動などを調べることで、心のはたらきに関与すると思われる機構（神経系メカニズム）を明らかにしようとします。脳神経科学が用いる研究方法は大きく分けると、研究対象である生体の心身に直接介入する（痛みや苦痛、危険を与える）侵襲的研究と、そうしたことを行わない非侵襲的な研究があります。分子、細胞レベルの研究では、生体にメスを入れて検証する必要がでてきますので、ヒトを直接研究の対象とすることができない場合がほとんどです。そこで、ヒトの基本モデルとして、ラットやマウスなどヒト以外の動物が用いられます。後者は、ヒトを対象とする場合に重視される手法です。皆さんも、fMRIやPETなどといったことばを聞いたことがあるでしょう。これらは、ヒトのさまざまな心の状態、たとえば怒りや悲しみの表情を目の当たりにした時、脳のどの場所がどのように活動しているのかを可視化して捉えることを可能にします。臨床場面では、精神疾患を抱える方や、脳に構造上のダメージを受けた方の診断などにも使われます。

最近は、科学技術の進歩によって新たな還元論的研究手法の開発が進み、心をさまざまな側面から数値化し、客観的に可視化する技術が目覚ましい勢いで実現しています。また、

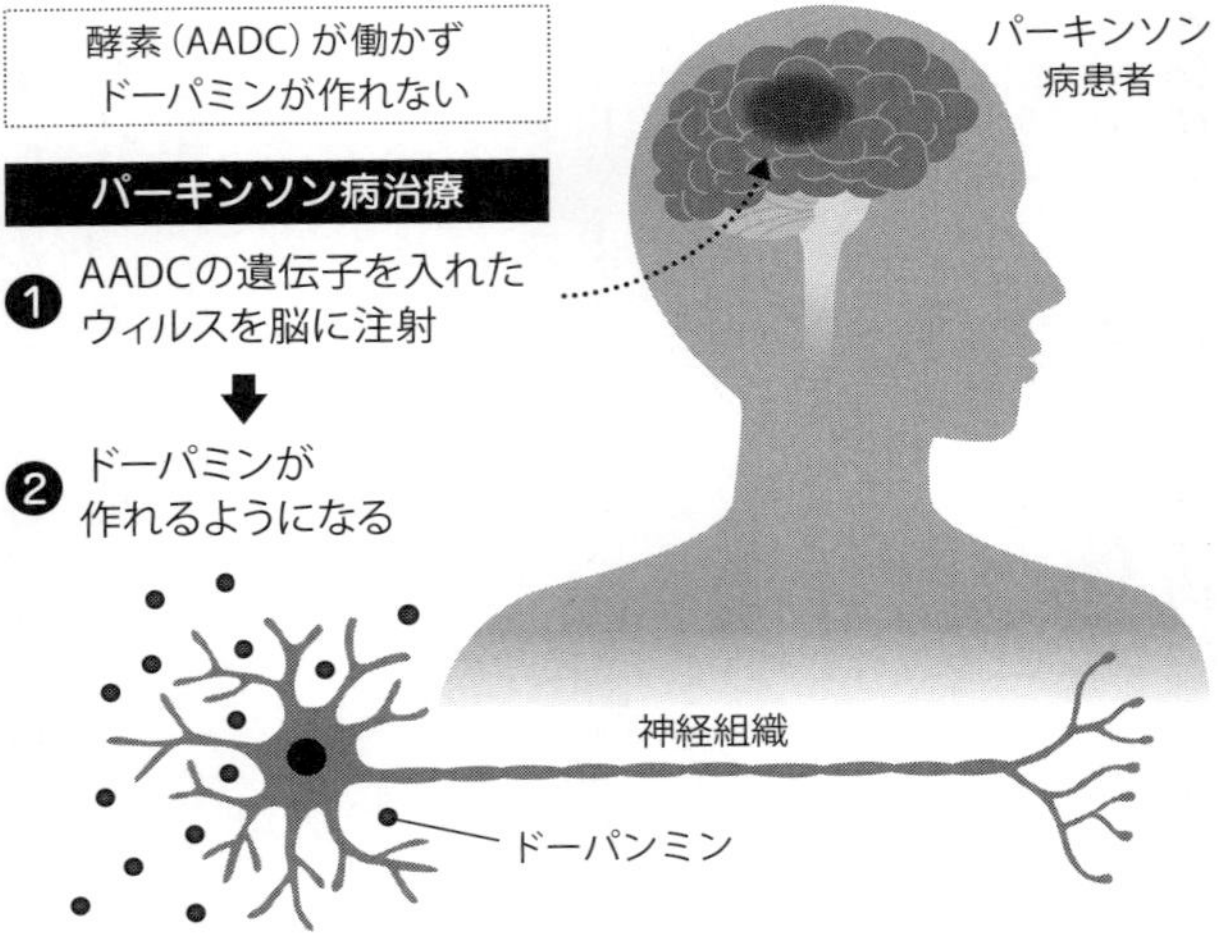

図1-1　心のはたらきを遺伝子レベルで修復する（パーキンソン病治療の例）

物質を特定できれば、その情報をもとに脳や遺伝子を人工的に修繕したり交換したりすることができるので、それを使ってさまざまな疾患を直接治療しようとする研究も精力的に進められています（図1-1）。

しかし、こうした還元論的な方法を中心とした科学技術がさらに進めば、心の全容は解明されるのでしょうか。私には、そうは思えません。その理由はきわめて単純です。神経やDNAといった心のはたらきに関与すると思われるミクロ物質がさらに詳細に発見されていったとしても、それら物質がどのように相互に密接に絡み合い、まとまりをもったシステムとなり、最終的に心という現象が立ち現れてくる（創発する）のかという問いに答えることにはならないからです。

　この難題を克服しようと、情報学の分野ではさまざまな試みが行われています。たとえば、構成論的アプローチと呼ばれる手法があります。観察、記述、分析された実際の生物のデータを、ある人工環境（コンピュータやロボット）を作って埋め込み、実際にそれを動かしてみて実際の生物のふるまいと比較することで、生物のしくみが自律的に創発、発達する原理を明らかにしようとするものです（図1-2）。例えば、生物のDNA情報をもとに自発的に身体がつくられていく過程や、脳内で情報が処理されていく過程（自己組織化）などを明らかにする研究などがあげられます。

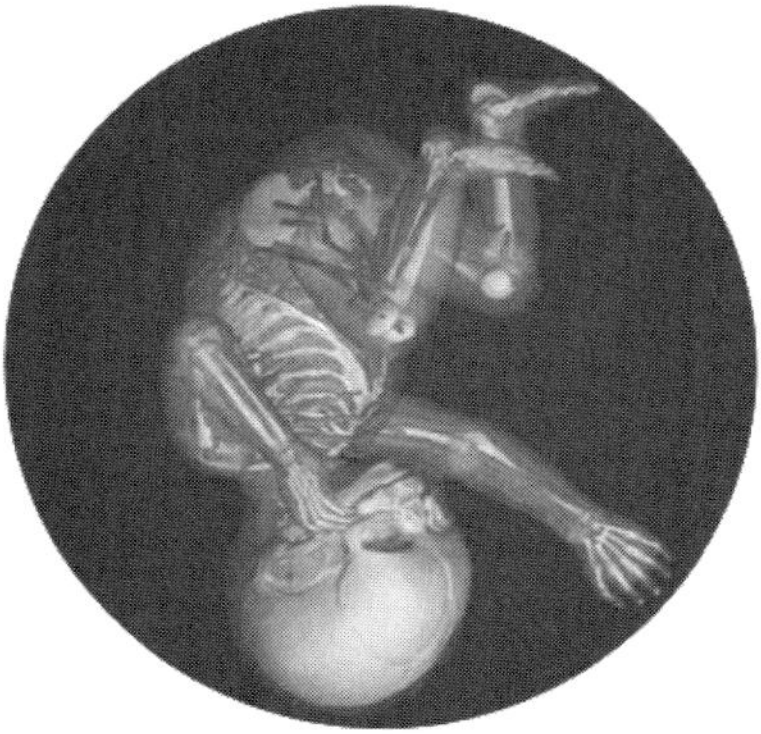

図1-2　コンピュータ上でシミュレーションしたヒト胎児。実際の胎児と同様の筋骨格系を再現して各筋肉をバラバラに振動させると、プログラムで制御することなく環境に応じて様々な動きが創発される（Yamada et al., 2016）

†生物を理解するための「四つの問い」

今、心の理解に向けた科学的試みは「物質的にこうなっている」という面においては飛躍的に研究が進んでいると言えます。しかし、私にはさらに知りたいことがあります。そもそも、なぜ私たちの心はこのような性質を備えているのか、どのようにこうした性質をもつにいたったのかという点、ヒトの心が成り立ってきた軌跡そのものです。

この点について、今から半世紀も前にきわめて重要な視座を示してくれた研究者がいます。私が尊敬してやまない生物学者、オランダのニコ・ティンバーゲンという研究者です（一九〇七〜八八）。彼は、一九七三年にノーベル生理学・医学賞を受賞しました。ちなみに、彼の兄であるヤン・ティンバーゲンは初代のノーベル経済学賞受賞者です。

ニコ・ティンバーゲンは、私たちを含む生物のふるまいを理解するためには、以下の「四つのなぜ」すべてに答える必要があると指摘しました。

①ある生物の行動が引き起こされている直接の要因は何だろうか？（至近要因）
②その行動は、どのような機能をもって進化してきたのだろうか？（究極要因）

③その行動は、その生物の一生の過程で、どのような発達をたどって獲得されるのだろうか？(発達要因)

④その行動は、その生物の進化の過程で、どの祖先型からどのような過程をたどって獲得されたのだろうか？(系統進化要因)

「言語」を例にとって、これら四つの問いについて考えてみましょう。

①については、ヒトの脳内には、言語の理解と表出を可能にするどのような構造、機構が存在するかを解き明かします。②については、現在議論されているところでは、言語の進化は、ヒトの高度な思考あるいは他者の心の状態を深く理解する能力と密接に関連するという説があります。③については、ヒトの乳児はいつ頃からヒト特有の言語を特徴づける文法の萌芽、二語文を発するようになるのかなどといった研究があるでしょう。④については、現生人類の直接の祖先であったヒト属(*Homo*)が、私たちと同じレベルの言語を獲得し始めたのはいつ頃か、などといった問いになります。

今、最先端とみなされる心の研究の多くは、①の至近要因を深く掘り下げる方向に偏りすぎている印象を受けます。しかし、これら四つの問いは相互に関連しています。ヒトの心を「真に」解き明かすには、四つの疑問すべてについて考える必要があるのです。

ティンバーゲンの四つの問いについて考えることが今ほど必要な時代はないように思います。今、私たち現生人類は、これまで経験したことのないほどの急激な環境変化に直面しています。こうした現状において、ヒトの未来のあり方や次世代の育ちについて考えるためには、生物としてのヒトの本質を理解すること、そのための有効な視座を持つことが不可欠だからです。

†長い時間をかけて獲得されてきた心

ヒトの心についての理解を深めるため、ティンバーゲンの四つの問いのうち、まずは、④系統進化要因に着目して見ていきましょう。ヒト独自の心と行動が進化の過程で今にいたった軌跡をたどる作業です。

私たちヒトを生物の一種として分類すると、ホモ・サピエンス（*Homo sapiens*）という学名がついています。今この地球上で暮らす人々は、国、文化を問わず、すべてホモ・サピエンスただ一種です。ホモ・サピエンスという種が誕生したのは、今からおよそ二〇万年前と言われています。

生物学で使われる用語に「適応」というものがあります。私たちがいつも使う表現、「新しい環境に適応できなくて苦労した」などとは異なる意味を持っています。生態学や進化生物学で使われる適応とは、「ある生物が動的に変化する環境において、生存や繁殖のために適した形質を持っていた個体が多く生き残っていく（自然淘汰 natural selection）」という進化的淘汰を指します。つまり、今を生きている生物が持つ特性は、環境に適応してきた現時点での結果なのです。進化には、意図された目的や定まった方向があるわけではありません。

手指を見てください。人差し指に対する親指の長さの比率をイメージしてチンパンジーの手指を見ると、彼らの親指がきわめて短いことに気づきます。ですので、チンパンジーはヒトと違って親指と人差し指を使って何かをつまむことはしません。彼らがつまむときには、長さが類似した人差し指と中指を使います。これは、手指の長さの比という点で適応的であった環境が、それぞれの種の祖先で異なっていたことを示唆します。

生物が進化の過程で獲得してきた形質は、こうした身体的特徴にとどまりません。目では確認しにくい心のはたらきや行動も、生物が長い時間をかけて環境に適応しながら、今あるような形質として獲得されてきたものです。ですので、ヒトの心の進化を解明するには、本来ならば三五〇万〜四〇〇万年前に出現したアウストラロピテクス（*Australopithecus*）や、二四〇万年前に生きていたホモ・ハビリス（*Homo habilis*）、一八〇万年前に生きていたホモ・エレクトゥス（*Homo erectus*）といった、私たちヒトの直接の祖先が獲得していた心の中味を知ることが必要となります。

†心の進化を知る手がかり

では、ヒトの直接の祖先たちは何を考え、どのようにふるまいながら生きていたのでしょうか。

これまでの研究で、いくつかわかっていることがあります。ホモ属の最古の祖先であると考えられているホモ・ハビリスは、残された化石から脳の容量が六〇〇から七〇〇㎤程度あったとみられています。現代人の脳の容量は一二〇〇から一五〇〇㎤、チンパンジーでは三五〇から四〇〇㎤とされていますので、ちょうどヒトとチンパンジーの祖先が枝分かれした後、ホモ属の初期に存在していたという見方にも納得できます。彼らは、単純な加工を施した石器（オルドワン型）を作って使用していました。計画を立て、将来の使用を予想する認知能力を獲得していたようです。

さらに、ホモ・エレクトゥスの時代になると、脳の容量は八〇〇から一〇〇〇㎤に達しました。脳容量が大きくなることで、彼らはホモ・ハビリスとは異なる行動をみせたようです。たとえば、複雑な両面加工を施して機能性を高めた石器（アシュレアン型）を製作し始めました（図1－3）。また、火の利用も始まったとみられ、ホモ・ハビリスに比べてかなり高度な認知能力を獲得していたことが推測されます。

図1-3　ヒトの祖先が用いた石器。オルドワン型（左）とアシュレアン型（右）

これらは、彼らが持っていた心のはたらきを知るうえで重要な手がかりを与えてくれます。しかし、残念ながら残された化石や道具などの人工遺物は非常に限られています。また、彼らが築いていた社会関係や精神活動などの側面は化石としては直接残らないため、ヒトの心が進化してきた道すじを詳細にはたどれないという限界もあります。

†ヒトの心が成り立ってきた軌跡をたどる

そうなると、ヒトの心の系統進化について知ることはこれ以上できないのでしょうか。

「比較認知科学」と呼ばれる研究分野があります。ヒトとヒト以外の動物の行動や脳、心のはたらきを、同じ手続きを用いて実験的に直接比較する研究方法です。比較すれば、対象となる動物との類似点、あるいは異なる点が浮かび上がってきます。類似点からは、ヒトとその動物が進化の過程で共通して獲得してきた部分、異なる点からは、ヒトがあるいはヒト以外の動物がそれぞれ異なる背景によって獲得してきた部分が推測できます。比較認知科学が目指すのは、ある生物がみせる行動や心のはたらきの独自性を知るとともに、それらが獲得された進化の道すじを客観的、科学的に解明することで、なぜそのような形質が獲得されるにいたったのかという問いに迫ることにあります。

チンパンジー（*Pan troglodytes*）は、今地球上に生存する動物種の中でヒトと系統的にもっとも近い存在です。私の場合、おもにチンパンジーを研究対象としてきました。ヒトとチンパンジーの心のはたらきを比較することは、ヒトの心が成り立ってきた進化の軌跡をたどるうえでとても重要な手がかりを与えてくれると考えたからです。比較認知科学の論理に基づけば、ヒトとチンパンジーに共通してみられる心の特性は、どちらの種の祖先種にとっても、環境に適応し生存していくうえで重要な機能を担っていたと推測できます。

また、異なる特性は、それぞれの種の祖先種にとっての生存上の重要性が異なっていたと考えられるのです。

†大型類人猿とヒトの系統関係

ここで、ヒトとチンパンジーをはじめとする大型類人猿が生物学的にどのような関係にあるかを見ておきましょう。ヒトとチンパンジーは霊長目で、さらにその中のヒト上科に含まれます。化石資料や、それぞれの種のＤＮＡの塩基配列解析などから、ヒトとチンパンジーがいつ頃分岐したかがわかってきました。

大型類人猿は、オランウータン属（オランウータン *Pongo pygmaeus*）、ゴリラ属（ゴリラ *Gorilla gorilla*）、そして、チンパンジー属（チンパンジーとボノボ〔ピグミーチンパンジー〕*Pan paniscus*）の三属に分類されています。このうち、一四〇〇万年前にオランウータンの祖先が、続いて一〇〇〇万年前にゴリラの祖先が、私たちの祖先とは独自の道を歩み始めたと考えられています。ヒトの祖先がチンパンジーの祖先と分岐したのは、およそ七〇〇万〜八〇〇万年前だと言われています。さらにその後、チンパンジーの祖先は、二〇〇万〜二五〇万年前にチンパンジーとボノボの系統に分かれました（図1-4）。つまり、

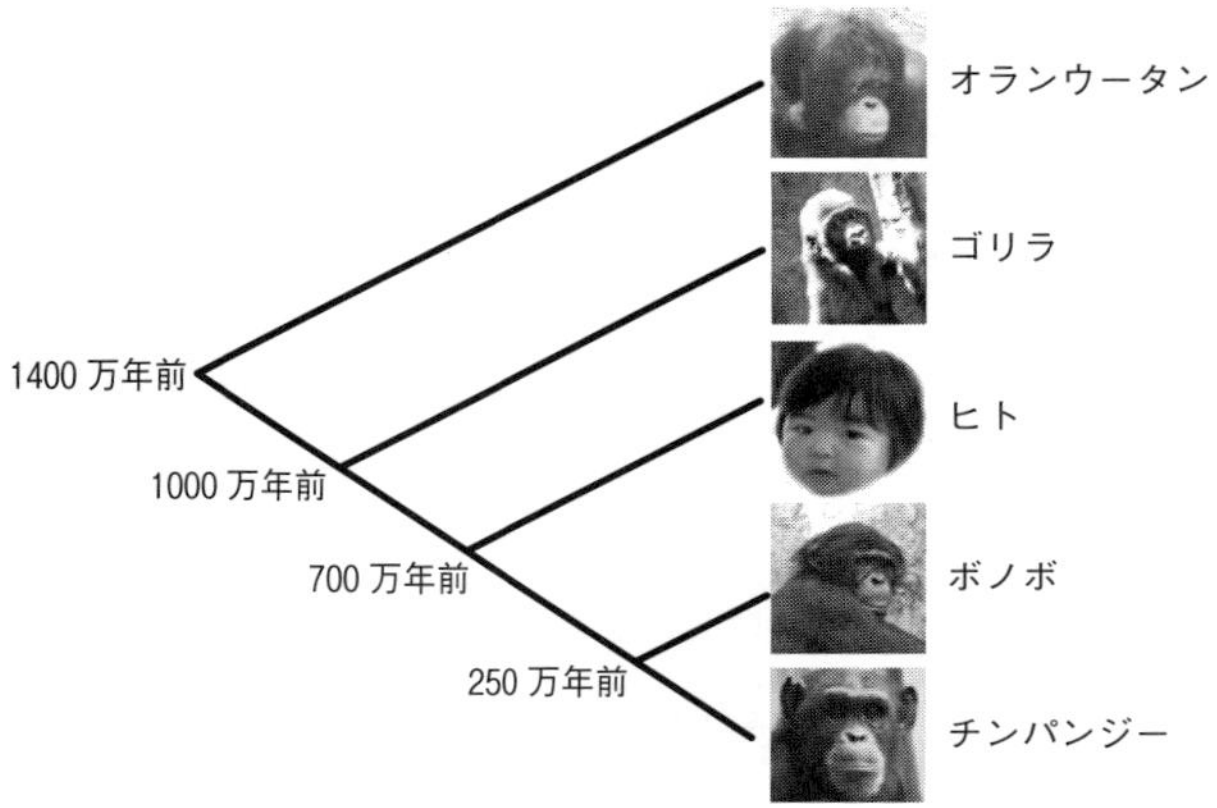

図 1-4　ヒトと大型類人猿の系統関係

七〇〇万年ほど前までは、ヒトとチンパンジーは同じ種として生存していたのです。
ヒトとチンパンジーに共通の祖先とは、いったいどのような姿をし、どのように心をはたらかせながら生活していたのでしょうか。想像が大きく膨らみます。

ところで、誤解されることが少なくないのですが、ヒトはチンパンジーから進化してきたわけではありません。両者の共通祖先が枝分かれした後、それぞれは独立して進化しながら現在まで生き残ってきた動物種なのです。チンパンジーがこれから進化してヒトになる、ということは決してありません。

†個々の心が成り立つ軌跡をたどる

ヒトの心が成り立つ軌跡を知るためのもうひとつの鍵は、ティンバーゲンの四つの問いのうちの「発達要因」にあります。

二〇〇〇年以降、遺伝子解析技術が飛躍的に進歩し、それぞれの生物がもつ形質を客観的な数値で示せるようになりました。ヒトゲノム（全DNA塩基配列の読み取り作業）は二〇〇〇年に、チンパンジーゲノムは二〇〇五年に全解読が終わり、両種の全塩基配列が比較されました。それによると、ヒトとチンパンジーのゲノム配列の違いは、一・二三％（約三七〇〇万塩基）程度であり、ヒトで有意に進化スピードの速い遺伝子が三％ほどあるといいます。これは、ウマとシマウマの間でみられる程度の違いだそうです。ヒト特有の遺伝情報をさらに詳細に調べていく先にこそ、目には見えない心のはたらきを含むヒトの全容が明かされる、そう主張する研究者もいます。

しかし、実際にはそう単純ではありません。第四章で詳しく触れますが、ヒトに限らず多くの生物がみせる行動や心のはたらきはきわめて「多様」です。同じ種でありながら、そうした多様性がなぜ生まれてくるのでしょうか。また、自閉スペクトラム症に代表される発達障害にみるように、発達のスペクトラム（連続体・分布範囲）という側面を、私たちはどのように理解すべきでしょうか。

それぞれの個体がもつ遺伝情報（DNAの塩基配列）のわずかの差が、身体的特徴や体質、性格や行動などの差を生み出しているという説明もあります。しかし、最近の分子生物学研究は、それとは別の見方を示しています。ラットやマウスなど、おもに動物実験によって示されたものではありますが、成育歴などの後天的、外的要因（経験）が、その個体の遺伝情報を変えることなく、遺伝子発現のパターンや状態、それに基づく表現型（形態や構造、認知機能や行動など）を多様に変化させる生体システムの存在が明らかになってきました。この現象は、「エピジェネティクス（epigenetics）」と呼ばれています。

エピジェネティクスが関わる現象としてよく例に出されるのは、胎児の頃に低栄養な環境にさらされた経験を持つと、成人になった時に生活習慣病（糖尿病、高血圧、心筋梗塞などの冠動脈疾患など）や、統合失調症などの精神疾患を発症するリスクが高くなることです。とくに、妊娠早期の時期に低栄養状態を経験した場合、妊娠中期から後期にかけて身体の大きさが正常範囲に追いついたとしても、その影響は後の健康状態に現れやすくなります。こうした現象が起こる背景として、子宮内で経験した異質な環境に胎児が「適応」しながら成長すること、その適応は生後も維持されるため、胎児期に受けた環境とは異なる環境との間にミスマッチが生じてしまい、将来の疾患発症のリスクが高くなることなどが考えられています。

また、同じ遺伝子を持つ一卵性双生児でも、環境経験によりエピジェネティックな変化が引き起こされ、統合失調症やうつ病などの精神疾患、自閉スペクトラム症を双方が発症しやすい場合とそうでない場合があることなども報告されています。

繰り返しますが、エピジェネティクスという現象は、親と子との世代間で起こる遺伝子の変異とは異なります。個体がもつ身体が、それを取り巻く環境と相互作用する経験によって生じる現象、つまり、同一個体内の時間変化の軸上で生じるものです。ある個体が時間経過とともに示す表現型は、身体と環境との連続的な関わりによって可塑的に、多様に変化していくのです（図1-5）。

ここに、発達の多様な軌跡が生み出されていくひとつの鍵があります。

†身体と環境の相互作用が生み出す心

それぞれの生物特有の心のはたらきは、身体をもつ生物が生存する環境とつねにセットで考えるべきであり、分けて捉えることはできない。それは自明です。誤解されることが多いですが、ヒトの心のはたらきは進化の最高傑作ではありません。ヒトの心のはたらき

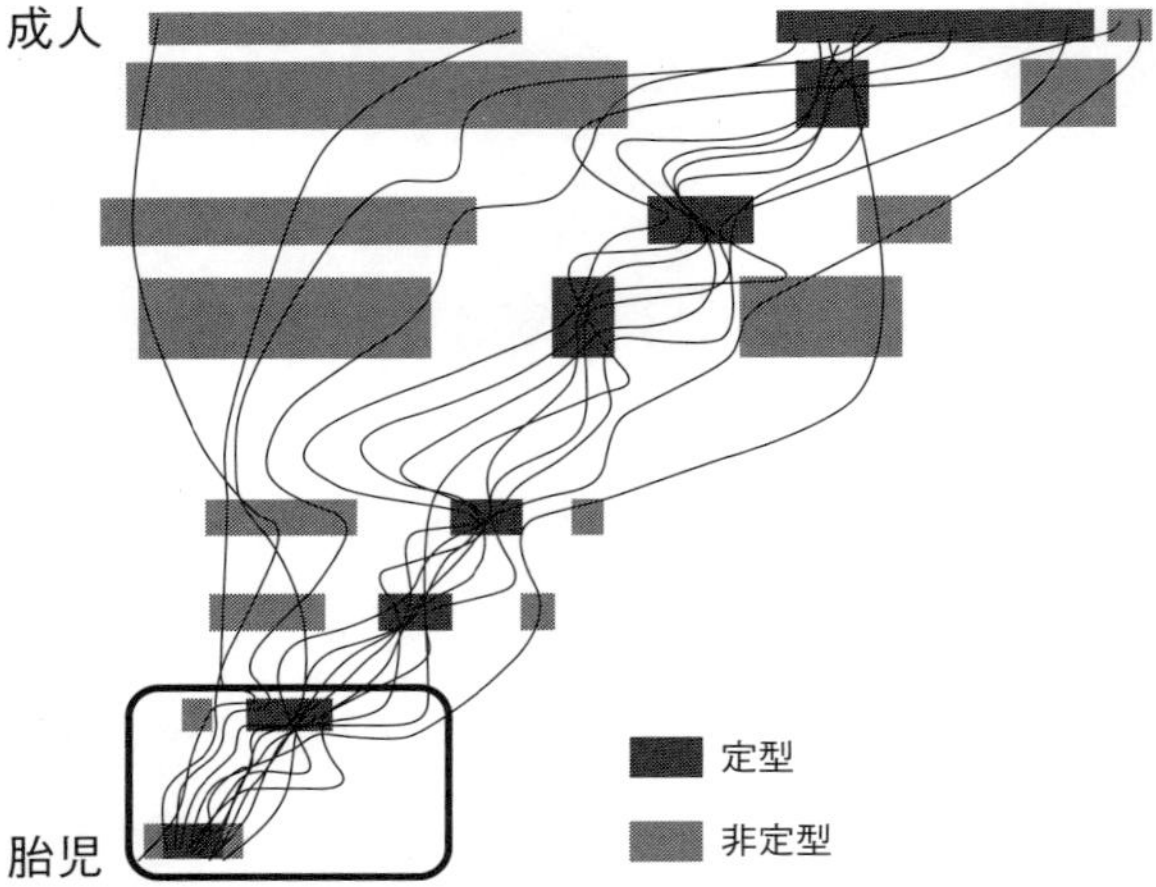

図 1-5　ヒトは多様な軌跡を描いて発達していく（Kuniyoshi, Y. Constructive Developmental Science: A Trans-Disciplinary Approach Toward the Fundamentals of Human Cognitive Development and Its Disorders, Centered Around Fetus Simulation, In Inaba M., Corke, P. (eds), *Robotics Research*, The 16th International Symposium ISRR, pp. 291-303, 2016, *Springer Tracts in Advanced Robotics*, 114, DOI10. 1007/978-3-319-28872-72016）

は、ヒトが生存してきた環境に適応してきた結果、たまたま今あるようなかたちで進化してきただけであって、それがヒト以外の動物が生きる環境でも適応的だとは限らないのです。チンパンジーは、チンパンジーの環境で生きるために有利となる心のはたらきを獲得してきました。

それを前提として私がさらに知りたいと思っているのは、ヒトらしい心のはたらきは、身体がそれを取り巻く環境とどのように相互作用しながら

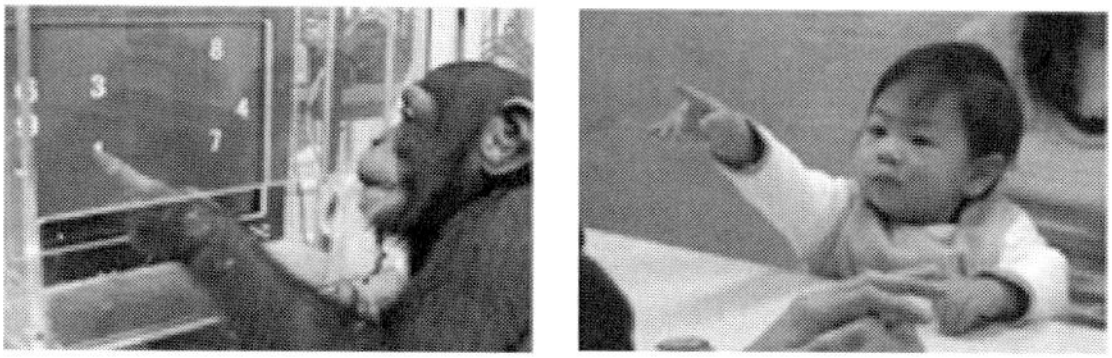

図1-6　チンパンジーの指さしは物を探索する場合に起こる（左）。ヒトは他者と情報を共有するために指さしを行う。他者と情報共有するための指さしは、チンパンジーでは見られない（右）

可塑的に、多様に発達していくのかという点、つまり、「心の個性」とも呼びうるものが形成されていくダイナミックな軌跡です。

おもしろい例を紹介します。生後一年目を迎える少し前から、ヒトは自分の興味ある物や出来事を大人に知らせようと、指さしを始めます。大人の関心をそちらに引き寄せ、注意を共有しようとするのです。こうした行動は「共同注意」と呼ばれています。チンパンジーも、生後八カ月頃から指さしを始めます。しかし、ヒトが行う指さしとはずいぶん機能が異なっています。チンパンジーは、形態的にはヒトと同じように人差し指を伸ばすのですが、それを行うのは物に触れたり、つついたりする時です（図1－6）。ヒトのように、遠くにある物や出来事を他者と共有するために指さしを行うことはありません。

ところが、ヒトと日常的に接することの多い環境で育ったチンパンジーは、ヒトの指さしに近い意味を含んだ身ぶりや手差しをし始めるのです。手の届かないところにある物が欲しいとき、手腕をそちら側に伸ばして私たちにそれを取るように要求します。この例はおそらく、ヒトの環境がチンパンジーの認知発達に影響を及ぼしている可能性を示しています。

身体は環境とつねに相互作用を繰り返しながら心を変化させていきますが、大切な点は、ヒトは他の哺乳類に比べて、子ども期が相対的に長いという事実です。未成熟な期間が長ければ長いほど食物や危険の回避などを親に依存せねばならず、生存上不利となるのですが、他方、環境変化に柔軟に適応しうる時期が長いというメリットもあります。第四章で改めて説明しますが、ヒトでは脳が大人のレベルに成熟するまでには二五年以上の年月がかかるというから驚きです。

では、ヒトが環境に適応しながら心のはたらきがダイナミックに変化していく軌跡を科学的に捉えるにはどうしたらよいでしょうか。先述のように、ヒトでは分子レベルのエピジェネティクス現象を生物学的操作を用いて検証していくことは困難です。

私は、先に紹介した複数種の行動や脳、心のはたらきを比較する「比較認知科学」の物差しに、さらに「発達」というもうひとつの物差しを加えた比較研究、「比較認知発達科学」という新たな研究アプローチを開拓してきました。進化と発達、二つの物差しを使ってヒトの心を多面的に捉える試みによって、ヒトはいつから（when）、どのように（how）心のはたらきを発達させるのか、それはどのような特徴を持ち（what）、どのような適応的意義をもつことで獲得されたのか（why）、といった問題に答えることができると考えています。ティンバーゲンは、半世紀以上も前に、生物の本質的理解に必要なことをすでに見抜いていました。そして、私は今を生きる研究者として、ティンバーゲンの四つの問いに向き合いたいのです。

複雑きわまりないヒトの心のはたらきを研究対象とする場合、それは一見遠回りに思えるかもしれません。しかし、遺伝子といったミクロレベルから、個の行動、さらには複数個体間で機能する社会的特性といったマクロレベルにいたるまで、多様な視座を総動員して研究を重ねていくことがヒトの本質を理解するためには必要です。

以降の章では、身体と環境が相互作用を繰り返していく中で創発、発達していくヒトの脳と心の本質に迫りたいと思います。キーワードとなる二つの表現があります。**ひとつめは、発達の「連続性」、二つめはその連続性の中で浮かび上がる「多様性」**です。

なぜそうした見方が大切か、これから順を追ってみていきましょう。

▼ポイント

（1）ヒトを含む生物の本質を知るには「四つの問い」すべてを考える必要がある
①至近要因　②究極要因　③発達要因　④系統進化要因

（2）心のはたらきは、生物が持つ身体が環境と相互作用を繰り返すことで生まれる

（3）ヒトの発達は、「連続的」で「多様」である

第二章

学習し続ける脳と心

この章では、ヒトの心の発達の本質を表すひとつめのキーワード、「連続性」について見ていきましょう。

ヒトの心のはたらきが創発、発達していく現象は、生まれる前から見てとれます。身体を持ったその瞬間から、ヒトを含む生物は、環境と相互作用する経験を連続的に積み重ね続けていきます。そうした経験は環境に適応的な心を生み出していきますが、環境はたえず変化し続けています。心は、環境が変化しても適応的にはたらくよう、つねに軌道修正しながら方向づけられていくのです。心が発達するとは、こうしたダイナミックに揺れ動く連続的変化のことを意味します。

†新生児と出会う

私は、京都大学霊長類研究所で研究を行っていた二〇〇〇年、チンパンジーの出産に三度立ち会ったことがあります。チンパンジーの母親は、子どもの頭部が陰部から見えてくると四足で立ち、やや中腰で前屈みになる姿勢をとりました。そして、腰をやや床に近づけて下ろした姿勢で、子どもを手で支えながら床にストンと産み落としました。そして、最初はぎこちない状態ながらも自ら胸に抱きかかえました。子どものほうも、生まれ持った把握反射を使って母親の体毛にしっかりとつかまっています。母親も子どもも、泣いたり叫んだりしません。ふたりの間には、とても静かな時間が流れていました（図2−1）。

そしてその二年後、今度は私自身が出産を経験しました。チンパンジーの静かで穏やかな出産のイメージしかなかった私にとって、実際にわが身に起こったことはあまりに予想外で、パニックに陥りました。長い時間続く陣痛に気が遠くなってきた頃、「ふんぎゃー、ふんぎゃー」というとても大きな泣き声が聞こえてきました。とりあえず、生まれたことはわかりました。しかし、あまりに疲れ果てていて、チンパンジーのようにすぐに抱くなんてとても無理だ、と思ったことを覚えています。

図2-1　アユムを出産したばかりのチンパンジー、アイ。手前にあるのはアユムの身体とまだつながっている胎盤（撮影：松沢哲郎）

出産後、一〇分ほど経ったころでしょうか。助産師さんが、私が横たわるベッドに息子を連れてきてくれました。数十分前までは私の体の中にいたはずのこの生き物は、頭部の大きさにくらべ、手足は折れそうなくらい細く、はかなげな存在でした。チンパンジーの新生児とはずいぶん異なる印象です。

彼は、仰向けの姿勢で寝かされ、手足の動きをうまくコントロールできずにばたばたともがき続けていました。しかし驚いたことに、そばにいる私と目があったとたん、彼は手足を動かすのを止め、目をしっかりと見開いて私の顔を見つめ始めました。私のほうも思わず彼に声をかけ、微笑みを返していました。周囲を好奇のまなざしで見つめ、いろんなことを知りたい、学びたいという気持ちが彼の全身からあふれ出ているようです。ヒトは決して真っ白な状態で生まれてくるのではない、と強く感じました。

スイスの著名な生物学者、アドルフ・ポルトマン（一八九七〜一九八二）が「生理的早産」と名付けたように、ヒトは他の動物に比べて、身体的にとても未熟な状態で生まれます。しかし、その見た目とは対照的に、ヒトの新生児は驚くほどの能力を持っていることが明らかにされてきました。発達研究に携わっている私も、そうした事実を知識として頭のなかにつめ込んでいたはずでした。しかし、実際に自分が経験したとき、ヒトは出生直後から外界について主体的に学ぼうとする存在であることを実感し、感動せずにはいられませんでした。

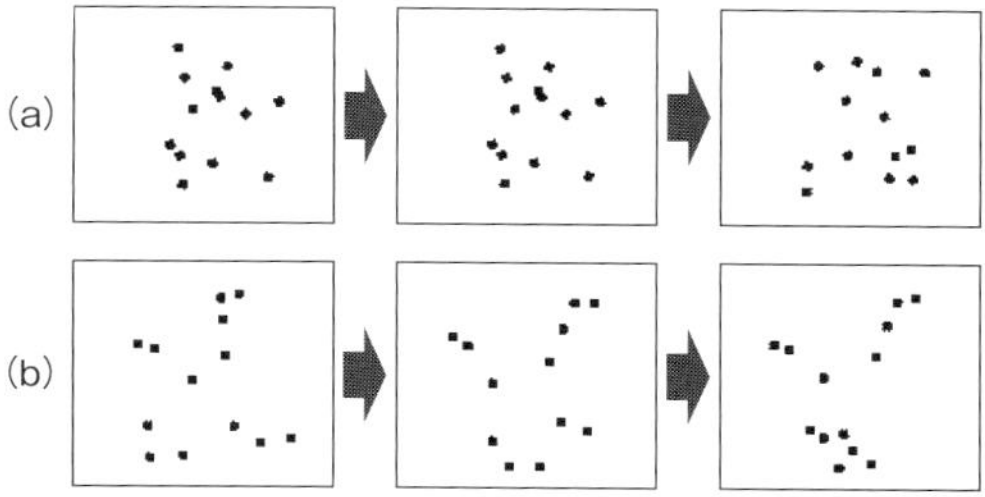

図2-2　でたらめな動き（a）と、メンドリの歩行（生物らしい動き）（b）を点の集合で示したもの。ヒトは生後すぐに生物らしい動きを好んで見る

†新生児が見せる驚くべき能力

ヒトは生まれたときから、ヒトらしい特徴（姿かたちや動き）をもつ対象に注意を向ける性質を持っています。例えば、誕生後数日の新生児は外界から、目と口が配置されている顔らしい図形とそうでない図形を区別し、前者を長く見つめます。さらに、自分を見つめる顔のほうを、逸らした目をもつ顔よりも好んで見ます。また、生物らしい動き（バイオロジカルモーション）をするものに対して、そうでない動きを示すものよりも大きな注意を向けます（図2-2）。

ヒトらしい特徴をもつ刺激に注意を向けるだけではありません。自分の目では確認できない身体部位を使った行為、例えば舌を突き出したり、口を開閉させたりといった表情を生まれてすぐに模倣できると言われています

（図2－4参照）。ゆっくりとやや高いピッチでの語りかけ（対乳児音声）には、大人に向けた通常の語りかけと区別して注意を向けます。

ただし、こうした研究結果はつねに再現されているわけではないことを知っておいてください。むしろ、結果を得ることができなかった研究のほうが実際には多いのです。新生児は一日の大半をまどろんだ状態で過ごしていますので、覚醒している絶好のタイミングで実験できたかどうかで結果は大きく左右されます。ご自身のお子さんで試してみたのに、期待どおりの反応がみられなかったと心配する必要はありません。

†「生得性」とは何か

新生児がこうした驚くべき能力を本当に持っているとしたら、その背後にはどのような神経系メカニズムが存在しているのでしょうか（至近要因）。

成人で行われているように、新生児の脳を調べればよいと思われるかもしれませんが、実際はそううまくはいきません。彼らの心身に負担をかけることなく、じっとしていてもらいながら脳活動を計測することはきわめて困難です。こうした方法論上の制約が壁となり、その答えはまだ突き止められてはいません。多くの心理学者は、「生得的（生まれつき)」という便利な表現を使うことで、この未解決部分を覆い隠してきました。

生得的な能力とは、ヒトが進化の過程において学習によって獲得していた形質がしだいに先天的な形質へと変化したもの(Baldwin効果)と説明できるかもしれません。つまり、ヒトは長い時間をかけて環境に適応してきた結果、高度な自動情報処理装置なるものを生まれ持つにいたった、という考え方です。その装置は、身体生理面で劇的な変化が起こる出生時に自動的、反射的に稼働し始めるという説明も、なんとなく理解できるような気がします。

しかしよく考えてみると、身体面で劇的な変化が生じるからといって、心の起源を出生の時点に見出す理由はどこにもありません。実際、ヒトは生まれる前から、自分の身体や外界のさまざまな知識をすでに学び始めているようです。

このことを調べるには、サッキング(吸てつ)パラダイムとよばれる手法を用います。新生児に圧力センサーのついた人工乳首を吸わせ、その間にいくつかの刺激を見せたり、聴かせたりします。どの刺激を知覚したときに、新生児の吸てつ反応の頻度が高まるかなど、新生児の注意の向け方を調べるのです。たとえば、生後一日目の新生児に母親の声と見知らぬ女性の声を聞かせると、母親の声に対して心拍数や吸てつの頻度を低下させるなどの反応がみられるという報告があります。また、母親が日常的に話す言語（母語）とそれ以外の言語の両方を聞かせると、新生児は、母親の母語に対して敏感に反応するそうです。新生児の脳活動も調べられています。母親の母語に対しては、聴覚皮質の血流が増加する、とくに言語処理をおもに担う左半球が右半球より活性化するといいます。

これらの現象は、「生得的」という見方では説明がつきません。胎児が学習する可能性については、従来、本来は胎児であるはずの早期産の乳児を対象として研究が進められてきましたが、胎内を直接調べることは困難でした。しかし、四次元超音波画像診断装置（四次元エコー）の普及によって、これまで捉えることの難しかった胎児の身体、行動の特徴がしだいに見えてきました。胎児研究の進展は、ヒトの能力は生得的であるという見方に一石を投じ、胎児期から新生児期にかけての発達の連続性をはっきりと示しています。

†新生児の生存戦略

そもそも、なぜヒトの新生児はこうした能力を持っているのでしょうか。その究極要因（機能）について考えてみると、まず思い当たるのが、ヒトは霊長類のなかでもとりわけ養育者と身体が分離しやすい状態で生まれてくる、ということです。

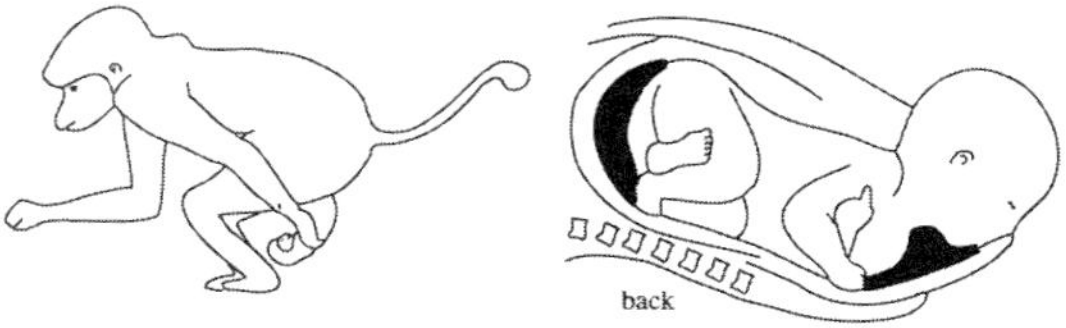

図2-3　サルの出産（左）とヒトの出産（右）(Hirata, Fuwa, Sugama, Kusunoki, & Takeshita, 2011)

ニホンザルの胎児はヒトとは違い、多くの場合、母親のお腹の側を向いて生まれてきます。ですので、母親は母胎から出てきた新生児をつかみ、そのまま胸へあてます。新生児のほうは強い把握反射を持っているので、母親の胸にいったんしがみついてしまえば、目の前にある乳首に吸いつくことができます。怖い敵がやってきても、母親の身体にしがみついてさえいれば逃げることができます。

しかし、ヒトの場合、それとはまったく異なります。ヒトは母親の背中側を向いて生まれてくるのが一般的です（図2－3）。いわゆる「産み落とす」状態となるのです。ヒトの新生児は母親の身体といったん分離してしまうため、母胎から出た後は養育者にできるだけ早く抱き上げてもらわないといけません。おまけに、把握反射も弱いヒトの新生児は、養育者からの世話をただ受け身的に待っているだけでは生き延びることができないのです。

そのため、ヒトが獲得した生存戦略は、養育してくれる可能性のある対象を生後すぐに見抜き、その関心をできるだけ長時間引いて養育を受ける機会を多く得ることだったと考えられます。泣くという行為は、養育者の注意を即時に引くことができますが、泣きやんだ時点で養育者の役割は果たされ、生き延びるのに十分な養育を受けられません。生まれてすぐに生物らしい特徴をもつ対象を敏感に検出して注意を向け、積極的に応答する能力は、養育者の関心を長時間引きつけることができます。こうしたことが、新生児がみせる驚くべき能力の究極要因であると考えられます。

チンパンジーの新生児も、母親の背中側を向いて生まれてきます。ヒトと同様、いったん産み落とされた後は、母親によって抱かれることが必要です。また、ヒトほど弱くはありませんが、チンパンジーの新生児も母親の身体にずっとしがみついていられるだけの把握反射を持っていません。おもしろいことに、ヒトだけでなくチンパンジーの新生児も、生まれてすぐに顔らしく見えるもの、それも自分を見つめる目をもつものを、そうでないものよりも好んで見たり、その表情を模倣して自ら応答したりすることがわかっています(図2―4)。これは、「新生児模倣」と呼ばれる現象です。

ヒトの新生児模倣は、生後二ヵ月を過ぎるころに消えてしまうと報告している研究が数多くあります。そして、私たちも、チンパンジーの新生児模倣がやはり生後二ヵ月目に消

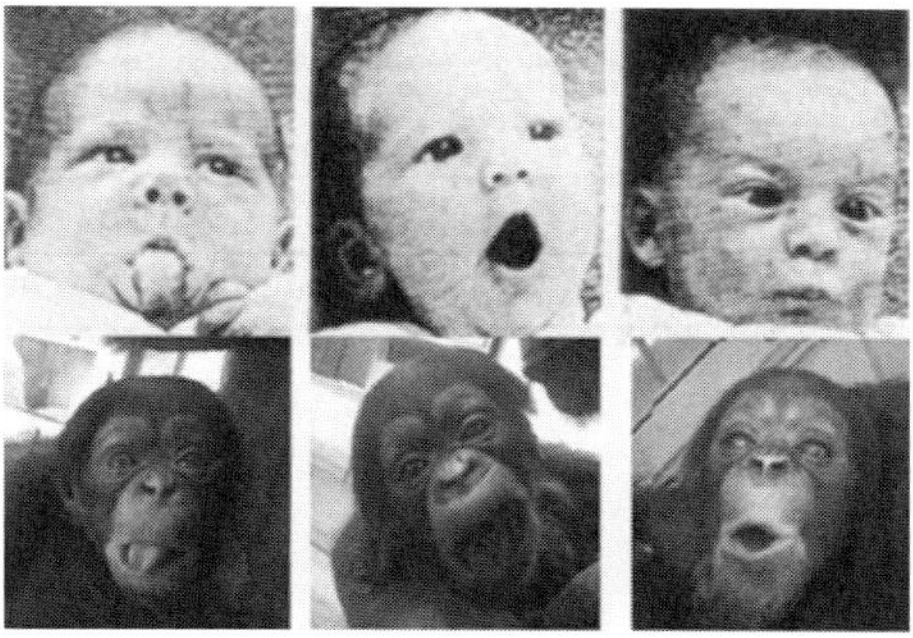

図2-4　ヒト（上）もチンパンジー（下）も生まれてすぐに他者の表情を模倣する（Meltzoff & Moore, 1977, Myowa-Yamakoshi et al., 2004）

えてしまうことを見出しました。ただし、ヒトの場合、いったん消えてしまう新生児模倣に代わり、今度は生後一歳頃から模倣が頻出するようになります。相手の行為を模倣して遊ぶという、社会的なやりとりが始まります。ところが、チンパンジーでは新生児模倣が消えた後、ヒトのように再び模倣し始めることはありません。「サル真似」ということばがありますが、サルは真似しません。チンパンジーですら、模倣はとても苦手です。サル真似する動物は、本当はヒトだけなのです。

新生児模倣は、高い知性をもつヒトが生まれつき持っている優れた能力の代表例である、発達心理学の分野では、長い間そのように解釈されてきました。しかし、チンパンジーとの比較研究は、それが人間中心主義的な、過剰な解釈であることを教えてくれました。

はかない姿をした新生児ですが、じつは誰かの手をかりて力強く生き抜く術を身につけている。そうした目で彼らのふるまいを眺めてみると、私たちはその戦略にまんまとはまっていることに気づかされます。これこそが、進化の過程で環境に適応しながら獲得してきた心なのです。

†胎児も学習している

胎児のふるまいをみていると、「生まれつき」ということばを使うことに慎重にならなければいけないな、と感じます。**ヒトの胎児期と新生児期との間には、発達の連続性がはっきりみてとれる**からです。

たとえば、妊娠後期の胎児と新生児がみせる身体の動きを比較してみると、両者にはほとんど違いは見られません。四次元エコーで記録した胎齢三四週の胎児とビデオ記録した新生児の身体運動を詳細に比較した研究によると、単発的瞬き、あくび、舌出し、しかめ面や微笑、目や口の開閉、手を顔や目、頭頂などの頭部周辺に接触させるなどといった身体運動は、モロー反射(注)を除いて胎児と新生児に共通して見られるそうです。

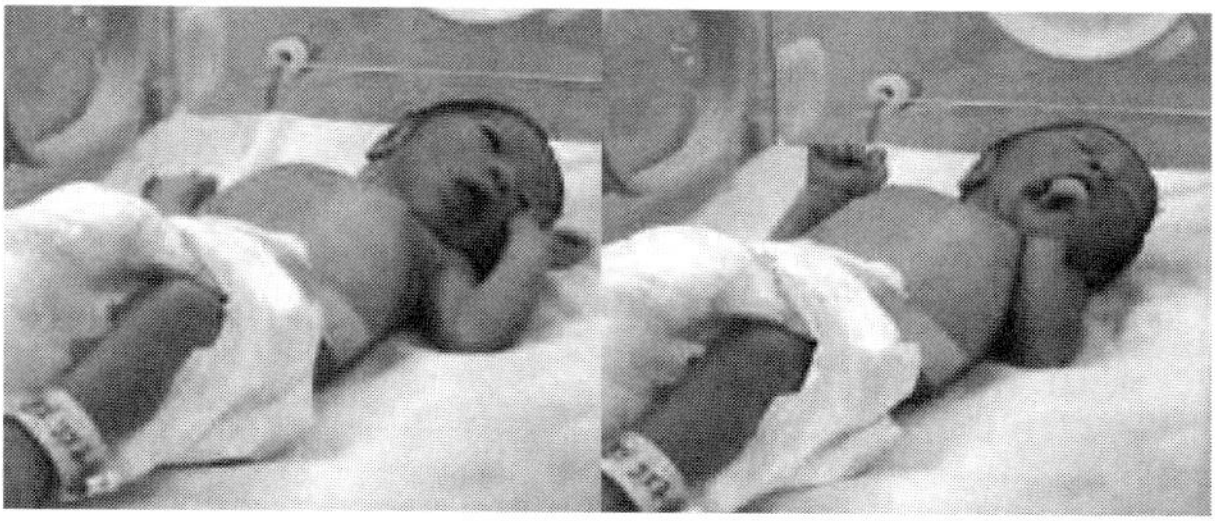

図2-5　生後十数分の新生児の「予期的口開け」。手指が口唇に接触する前に口を開け始めている（明和、2006）

胎児期から新生児期にかけて心が連続的に発達していることを示唆する、興味深い例についても紹介しましょう。

ヒトの新生児をじっと観察してみてください。自分の身体についての知識らしきものをある程度持っているようなふるまいが確認できます。一見、身体を制御できずにもがいているように見えるのですが、時折自分の手を口唇部に滑らかに運び、ときには手指を握りこぶし状にして口内に入れます（図2-5）。自分の手をどう動かせば口唇部にたどり着くかがわかっているような、滑らかな動きです。新生児は手をでたらめに動かしているわけではなく、口唇部までの最短ルートをたどって口唇部に手を動かしていること、さらに、手が口唇部に触れる直前、手の到着を予期しているかのように口を開けて待っている（予期的口開け）ことがわかっています。自分の身体によって引き起こされた行為が、どのような効力をもたらすのか（行為の結果）

ということに気づいているようです。

（注）モロー反射とは、首がすわる六カ月頃までにみられる期間限定の原始反射です。乳児の上体を起こし、頭がわずかに床から離れた位置から急激に頭部を急降下させると手足を伸ばし、続いてばんざいをするかのように上肢を広げます。モロー反射は、大きな音や振動によっても誘発されます。乳児の神経発達検査の項目として利用されていて、左右差が存在する場合には麻痺などが疑われます。

†自分の身体について学習する

ヒトは出生前から自分の身体について学習、記憶し始めている。だとしたら、胎児も予期的口開けを行っているかもしれない。私たちは、エコーを用いて妊娠一九〜三五週の胎児の手と口唇部の動きを詳細に分析しました。予想は的中しました。胎児は新生児同様、自分の手が口唇部に接触する少し前から、それまで閉じていた口を開け始めるのです（図2-6）。いったん指吸いが始まると、胎児は口から手指が離れても何度かこれを繰り返しました。妊娠三一週のある胎児は、指吸いを連続して六回も行いました。もし、偶然手指が口の中に入っただけなら、何度も指吸いが繰り返されるはずはありません。

ヒトは、胎児の頃からすでに自分の身体というものが他とは異なる存在であることを、

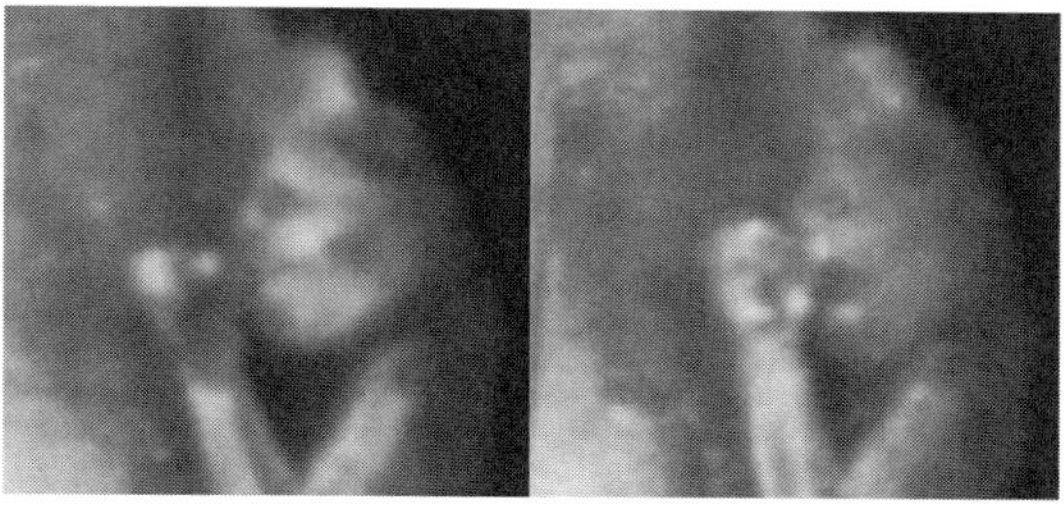

図2-6　胎児（妊娠27週）の「予期的口開け」（Myowa-Yamakoshi & Takeshita, 2006）

自分の身体は自分に属するものであることを認識し始めているようです。最近、この見方を支持するおもしろい研究が報告されました。同一子宮空間で成長するふたりの胎児（一卵性）のようすをエコーで観察してみると、一方の胎児は、もうひとりの胎児に対しては、それ以外のものに向かう場合に比べてゆっくり（持続的に）と優しく（減速させて）腕を動かすそうです。

†母親の声を聞き分け、応答する

ヒト胎児は、子宮内で経験する母親の声についても学習、記憶し始めていることが示されています。母親の声と見知らぬ女性の声を事前に録音し、母親のお腹周辺に置いたスピーカーからどちらかの声を交互に妊娠三八週の胎児に聞かせます（母親が直接話しかける場合と他者が話しかける場合とでは聴覚刺激の伝搬のしかたが異なるので、両方ともに録音した音声を使います）。心拍数を指標として、そのときの胎児の反応を調べてみると、胎児は、母親の声を聞いたときにのみ心拍数を高めました。見知らぬ女性の声を聞いたときにはそうした反応は見られませんでした。

この実験をふまえ、私たちは、妊娠二三～三三週の胎児が母親の声を聞いたときにどのような反応をみせるのかを四次元エコーで観察しました。胎児に聞かせた音は、録音した母親の声と見知らぬ女性の声、そして二種類の人工音でした。すると、先の実験と同様、胎児は母親の声に対して他の音とは異なる反応をみせました。胎児は母親の声を聞いたときだけ、その声に応答するかのように口を開閉させる頻度を高めたのです。その反応は、口唇部のあたりのみで見られ、全身の動きに違いはありませんでした。

妊婦さんの声は、とくに周波数成分が低い部分が胎児には伝わりやすいようです。また、胎内では外腹よりも大きく伝わっている可能性があります。ヒトは、胎児期終盤には、外界の音を聞き分けるだけの中枢神経系（脳幹より上位にある海馬を中心とした大脳辺縁系、図4－10参照）を成熟させています。母親の声を日常的に直接経験することで、その特徴が学習、記憶されている可能性は十分にあります。

これに関連する、とてもおもしろい研究があるので紹介しましょう。生後五日以内の新生児の自発的な泣き声を録音し、音響解析してみたところ、母親がフランス語を母語としていた新生児の泣き声のピーク（イントネーション）は、ひとまとまりの泣き声の中央からやや後方に位置していました。それに対し、母親がドイツ語を母語とする新生児では、イントネーションが前方にあったというのです（図2‐7）。この結果は、胎児が母親や周囲の大人たちから母語のメロディーの特徴を学習し、生後は自らの発声として使っている可能性を示しています。

ただし、ここで注意していただきたいことがあります。これらの研究が示しているのは、母親の声と他の女性の声とを胎児が区別し、反応しているという事実だけであって、胎児が母親の声を「好む」ことを示しているわけではありません。母親が胎児に「優しく語りかける」ことが、胎教として効果があると主張するのは行き過ぎた解釈です。

†チンパンジーの胎児

ヒトの胎児は、すでにある程度心の原型のようなものを持っていることは間違いなさそうです。では、胎児期にみるこうした心の発達は、ヒトだけにみられるものなのでしょうか。

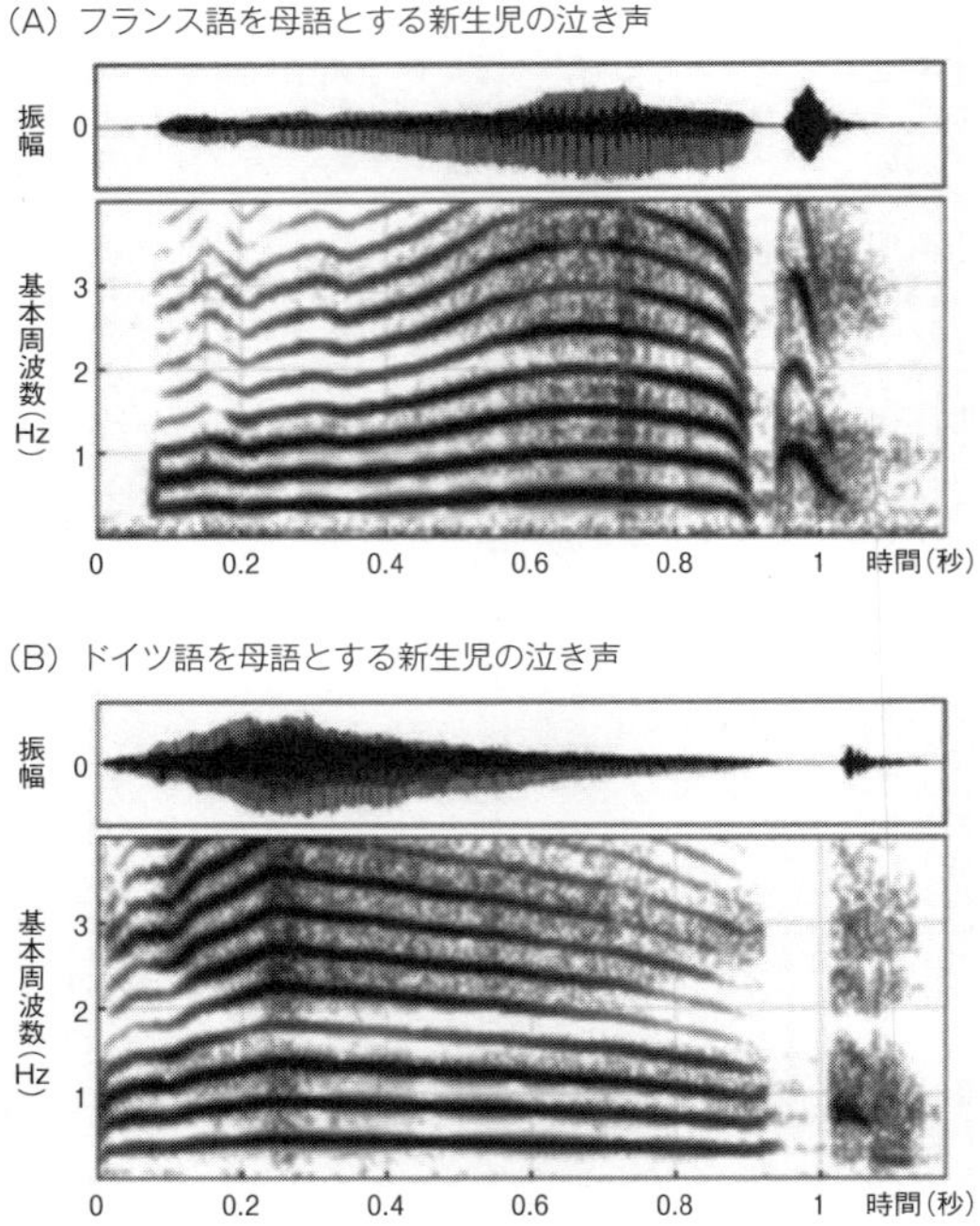

図 2-7　フランス語（A）ドイツ語（B）を母語とする母親から生まれた新生児の泣き声の音響的特徴（Mampe et al., 2009 を一部改変）

サルやチンパンジーの胎児のふるまいを、ヒトの胎児と比較することはとても困難です。ヒトであれば、妊婦さんにエコーとは何かを言語で説明し、納得してもらった上で研究への参加をお願いできます。しかし、ことばを使えないチンパンジーやサルの妊婦さんにはそれができません。麻酔をかけて眠らせればよい、と思われるかもしれませんが、麻酔をすること自体が妊婦さんに強いストレスを与えることになります。母親と身体がつながっている胎児の行動に、麻酔の影響が出る可能性もあります。

しかし、私たちは非常に恵まれた機会を得ました。ヒトと日常的に接し、信頼関係を築いてきた研究施設のチンパンジーが妊娠したのです。さらにチンパンジーの妊婦さんは、麻酔なしにエコーを使って胎児を観察することを嫌がることなく許してくれました。ツバキとサツキ、ミサキという名前の妊婦さんたちです。彼女たちの日々の生活パートナーであった研究所のスタッフが、エコー装置などに馴れさせる訓練を毎日行い、胎児観察に向けての一連の準備を担ってくれました。こうした努力が実を結び、四次元超音波エコーによるチンパンジー胎児の観察が、世界で初めて実現したのです。

私たちは、期待に胸をふくらませました。しかし、残念なことに、ヒトの胎児の映像に比べてチンパンジーの胎児のようすはあまり鮮明には見えませんでした。チンパンジーの羊水量がヒトより少ないことが、その理由であったようです。鮮明な胎児の映像を撮るには、それなりの量の羊水が必要となります。妊婦さんのお腹にあてるプローブと胎児との間に羊水がたっぷりあると、身体や胎盤などにあたって反射する超音波の強弱がはっきりするので、きれいな映像が撮れます。しかし、羊水の量が少ない場合、超音波の反射の強弱がはっきりしなくなってしまうため、きれいな映像が得られないのです。

それでも、チンパンジーの胎児がどのような姿勢で何をしているかを知るには十分なデータを得ることができました。何より感動したのは、当たり前ではありますが、チンパンジーの胎児はすでにチンパンジーらしい姿かたちをしていたことです。ヒトの胎児に比べて、頭部は比較的小さく、そして手腕は太く、大きいのです（図2-8）。

身体の動きについても、ヒトの胎児との間にははっきりとした違いがありました。ヒトの胎児は、口唇部や鼻の上あたりに向かって手を動かす場面がよく観察されるのですが、チンパンジーの胎児は、目より上部に手を置き、バンザイしているかのような姿勢でいることが大半でした。

ヒトの胎児の動きに慣れた目でチンパンジーの胎児を見ると、チンパンジーの胎児はヒトの胎児に比べてとても静かです。その理由としては、羊水の量が比較的少ないことが関

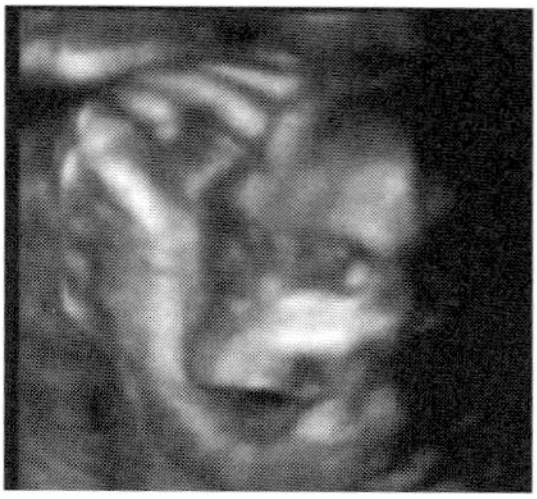

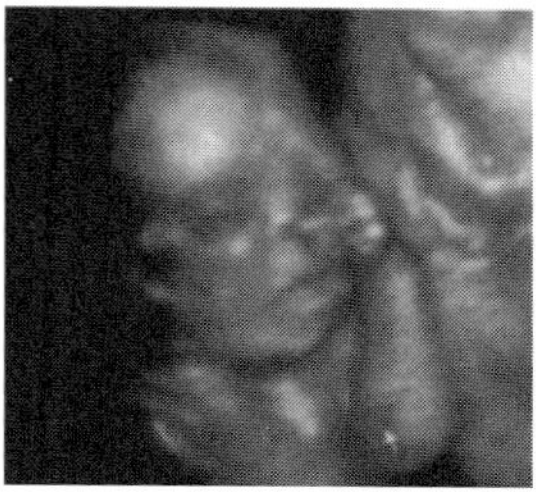

図 2-8　チンパンジーの胎児（胎齢 21 週・左）とヒトの胎児（胎齢 23 週・右）

係していると思われます。ヒトとチンパンジーの子宮の大きさに対して、胎児の上肢の長さ、身体の大きさが違うことも影響していそうです。ヒトの胎児は、子宮空間に対して身体が小さめなので、妊娠中期まではかなり自由に身体を動かすことができます。しかし、チンパンジーの胎児は、子宮空間に比して身体が大きいので動きが制約されます。

ヒトの胎児はチンパンジーの胎児に比べて、自分の身体を子宮内環境と積極的に相互作用させる経験を積むことで、学習の機会を多く得ていることは間違いありません。こうした胎内経験の差異が、出生直後にみられる両種の能力の違いとして反映される可能性もあります。

チンパンジーの胎児を対象とした研究の機会はめったに得られるものではありませんが、今後の展開に期待したいと思います。

†触覚経験が大事

ヒトに話を戻しましょう。

胎児の頃から身体が子宮内環境と相互作用しながら連続的に変化していく過程で、とくに重要な役割を果たしていると考えられるのは「触覚」経験です。

触覚は、もっとも早く発達する感覚です。胎児が触覚刺激に反応を示すのは、胎齢七週ごろと言われています。特殊な方法で胎児の口唇部を刺激すると、それを回避するかのように刺激と反対の方向へ首や身体を曲げます。妊娠一〇週を過ぎるころからは、掌への軽い刺激に反応し始め、一四週くらいになると全身の触覚反応が見られるようになります。

ちなみに、視覚器が機能し始めるのは妊娠一八週あたりからです。視神経が大脳（後頭葉にある一次視覚野）と結びつき、視覚情報を感じ取ることが可能となります。とても強い光を妊婦さんのお腹にあてると、胎児は後ずさりをします。反対に、弱い光をあてると光の方向に寄り添ってきて眼球を頻繁に動かします。目で光を感じているのです。ただし、胎児はまぶたを閉じていることがほとんどです。妊娠後半になるとまぶたを開けることも多くなりますが、子宮内はひじょうに暗く、また、眼球運動の調整機能はいまだ十分発達していませんから、大人と同じように外界を見ているわけではありません。聴覚については、妊娠二〇週過ぎに内耳と外耳の基本形態が出来あがります。内耳は聴神経から大脳（側頭葉にある一次聴覚野）へと配線され、音を感じ取る聴覚受容器官として機能し始めます。妊娠期間半ば、胎内で二〇週ほど過ごした胎児は、身長二五㎝弱、体重はまだ三〇〇g程度の存在でしかありません。しかし、胎児はこの時期にはすでに、さまざまな感覚器官や中枢神経系の大枠を発達させ、子宮環境や自分の身体についての知識を学び始めているのです。

その証拠として、胎児を直接観察したものではありませんが、多種の感覚からの情報を処理する脳機能が胎児期からかなり発達していることを示した研究があります。

生まれて数日しか経っていない新生児を対象に、三種類の感覚、視覚、聴覚、触覚刺激を受けたときに生じる脳活動を、脳全体をまるごと同時に計測した世界で初めての研究です。用いた方法は、近赤外分光法（ＮＩＲＳ）と呼ばれる脳イメージング法でした。成人で聴覚が機能しているときには、側頭葉部分の酸化ヘモグロビンが目立って増加する反応がみられます。また、視覚情報を処理しているときには、後頭葉部分の酸化ヘモグロビンに顕著な変化がみられます。感覚刺激の種類によって、とくに活動する部位が異なってい

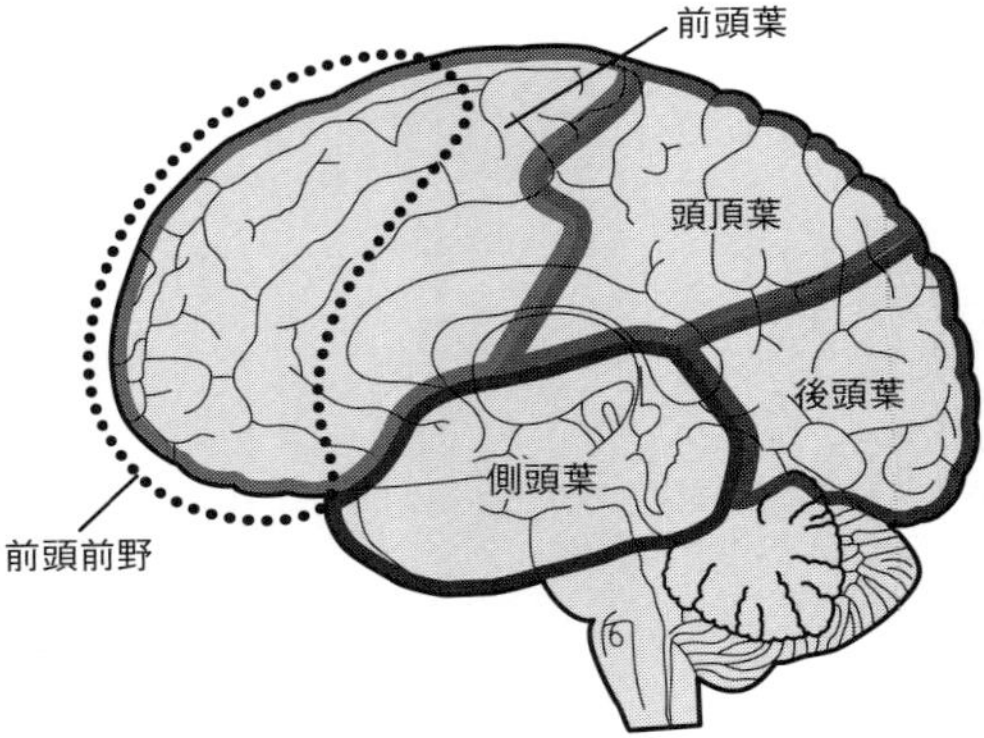

図2-9　大脳の構造（左横から見た場合）。視覚情報は後頭葉、聴覚情報は側頭葉、触覚情報は頭頂葉（体性感覚野）でまず処理される

るのです。これを脳の「機能局在性」と言います（図2-9）。

では、新生児の脳はどのように活動したのでしょうか。視覚を経験させたときには、成人の脳でいうと一次感覚野（末梢の感覚受容器から直接的に投射を受ける場所）にあたる部位を中心に強い活動がみられました。聴覚に対しても側頭領域の一部、視覚は後頭から側頭領域にかけて顕著に活動したことから、脳の機能局在性は、すでに新生児期にある程度みられることがわかったのです。

とくに重要な発見は、触覚刺激に対する脳活動でした。成人が触覚情報の処理を行うときにまず活動する領域は、頭頂皮質

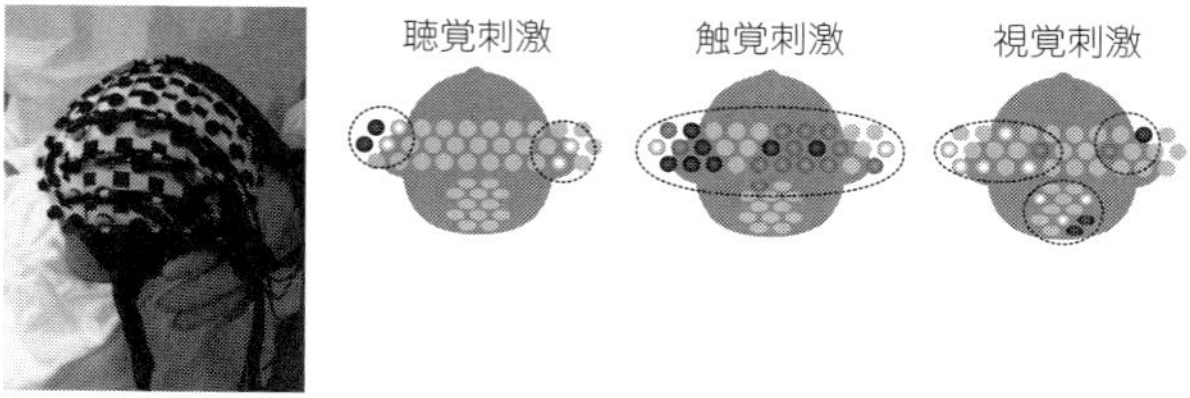

図2-10　NIRSを用いて新生児の脳全体の活動をリアルタイムで調べる（左）。触覚経験時には、視覚・聴覚を経験しているときに比べて大脳が広く活性化する（右・脳を上から見た場合）

（体性感覚野）です。ところが、新生児の脳はそこに限局せず、視覚や聴覚情報を処理する領域までもが広く活性化したのです（図2―10）。これは、**胎児期から新生児期の脳発達において、触覚経験が重要な役割を果たしていることを意味します**。

不快な触覚

触覚経験が胎児期からの脳発達を牽引《けんいん》するのだとしたら、通常は起こりえない不適切な触覚経験に対して、胎児や新生児は異なる反応をみせるのでしょうか。

例えば、痛みについて考えてみましょう。痛みは、末梢神経から入力された触覚情報が脊髄に入り、さらに視床と呼ばれる大脳皮質の下奥部にある部位を経由し、体性感覚野に伝達されることによって生じます（図2―11）。

新生児では、触覚刺激を受けると体性感覚野が広く活性化

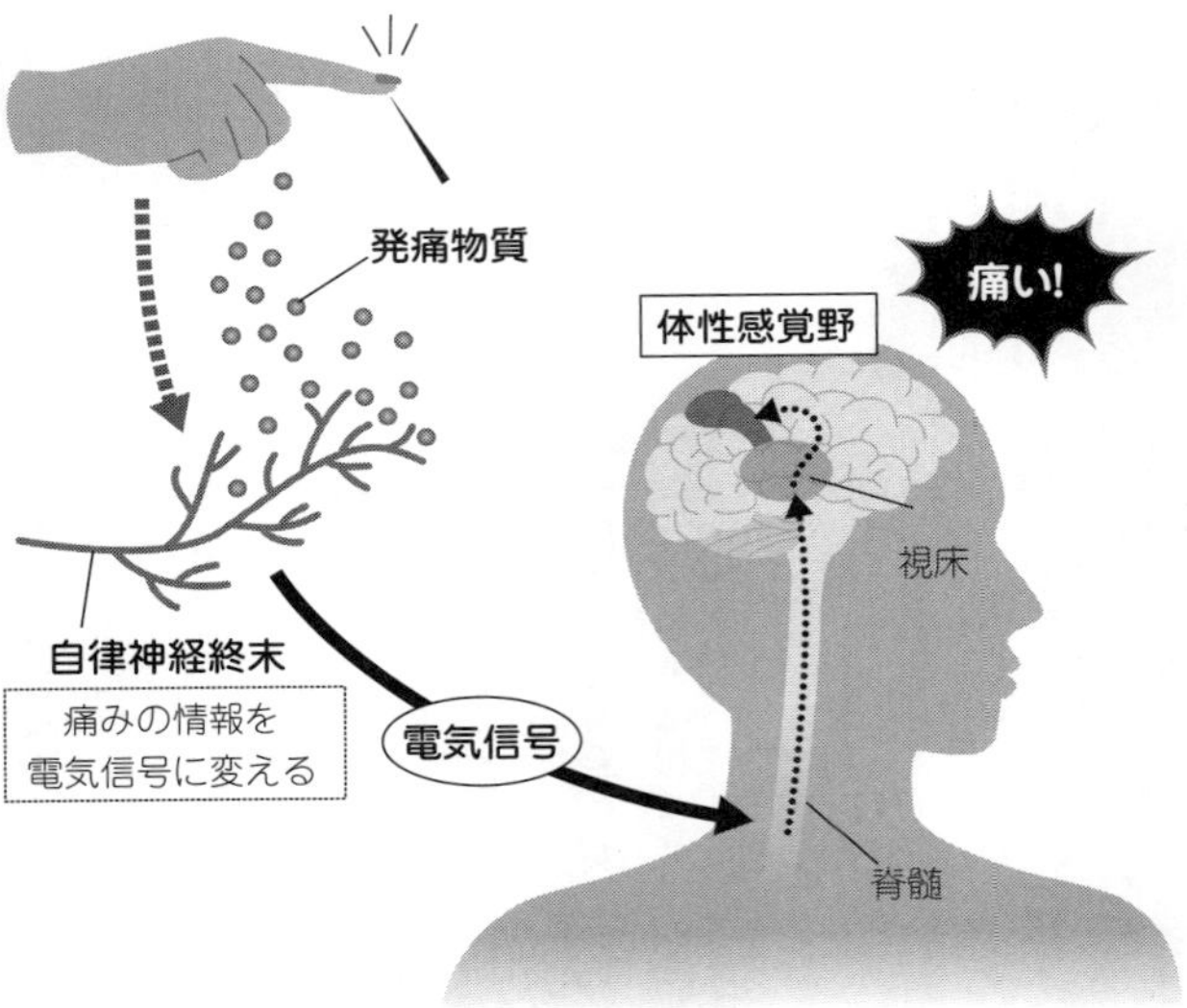

図2-11　痛みを感じる神経系のしくみ

することは先に述べました。不幸にして亡くなられた胎児の脳標本を解剖すると、痛みを感じる神経系ネットワークの原型は妊娠二二週あたりから形成され始めるようです。だとすれば、胎児期後半には、痛みを伴う触覚をそうでない触感と区別して感じている可能性があります。

胎児に痛みの経験を与えて調べることは、倫理的に許されないことです。そこで、本来は胎児であるべき存在、早期産児（以下、早産児）を対象とした研究が行われています。ヒトは母親の胎内でおよそ三八週を過ごして生まれてきます。しかし、母親や胎児、それぞれの側の理由により、予定よりも早くに胎外で生きる選択をする乳児がいます。それが、早産児です。

早産児は、新生児集中治療室（ＮＩＣＵ）という場所で、身体が十分機能するまで医療的に管理されながら育ちます。状態によっては、挿管による人工呼吸器管理や採血など、出生直後から不快、苦痛を伴うと思われる処置を受けなければなりません。もちろん、こうした処置は早産児の命を救う上で不可欠です。しかし、早産児が身体に受けるこうした経験に痛みやつらさを感じている可能性はないのでしょうか。

痛みとは、主観的な経験です。感じ方はそれぞれ違いますし、その感覚を客観的に評価することは困難です。ことばや身ぶりで「痛い！」と表現できない乳児についてはなおさらです。生まれてすぐは大脳がまだ十分発達していないから、痛みを感じているはずはない、つい最近まで、医療現場でもこうした考え方が一般的でした。

しかし、最近の研究は、そうした解釈に異議を唱えています。痛みを伴うと思われる踵からの採血と、刷毛などでそっと踵にふれる程度の触覚を経験しているときの早産児の脳活動を調べてみると、胎齢三三週の早産児では、左右どちらかの踵から採血されたとき、それとは反対側の体性感覚野が強く活動しました。それに対して、痛みを伴わない触覚経験に対しては目立った脳活動はみられませんでした。遅くとも妊娠後期の胎児は、痛みを伴う触覚に対しては、そうではない触覚とは異なる情報処理をしているようです。ただし、これを証拠に早産児が痛みを意識的に感じていると断言できるわけではありません。

ところで、痛みを伴うと思われる触覚刺激によって生じた脳活動は、他者から優しく（二〜三cm／秒）触れられると減衰することがわかっています。次章では、他者の身体と接触する触覚経験がヒトの心の発達にきわめて重要な役割を果たす事実について詳しくみていきます。

†「身体性」——知性が生まれる根幹

私たちヒトを含む生物は、能動的に動く「身体」を持っています。繰り返しになりますが、その身体とは長い時間をかけて環境に適応してきた結果、獲得されてきたものです。身体には、物理的制約があります。身体が環境に自ら主体的にふるまう過程で、膨大な量の情報はその制約に基づきふるいにかけられます。**情報は、身体を持つその個体にとって意味あるものが選択され、構造化されていく**のです。これが、知性というものが創発、発達していく原理です。こうした考え方を「身体性（Embodiment）」と言います。

この身体性という根幹を意識しないまま、「(完成された脳をもつ成人にとって) 便利だから、効率的だから」という理由だけで、未来の子どもたちの脳と心が育つ環境を安易に提案、設計していくことは危険を伴うでしょう。その理由について詳しくは第六章で取り上げますが、その前に、ヒトの発達の本質についてもう少し掘り下げていきましょう。

▼ポイント

(1) ヒトは胎児の頃から学習する存在である

(2) 身体が環境と相互作用する過程で、触覚経験は、胎児期から脳の発達を促す重要な役割を担っている

(3) 進化の所産である身体という物理的制約に基づいて、環境に適応的な知性が生み出される

第三章

他者の身体なくしてヒトは育たない

第二章の後半では、触覚経験が胎児期からの連続的な脳と心の発達の土台となることを述べました。なかでも、発達初期に自分の身体を「他者の身体」と接触させる社会的な経験は、後の発達を左右するきわめて重要なものです。

発達の連続性とは、身体をもつ個体が変動し続ける環境に適応しながら、時間の経過とともに変化していくことを意味するにとどまりません。この時間軸を縦の糸とするなら、個体の心が発達するには横の糸、つまり、自分の身体を他個体の身体と連続的につないでいくことも必要なのです。時間と空間、ふたつの次元の糸がうまく織り込まれていくことで、ヒトの心は発達していきます。

†他者の身体を使って生きる――「アタッチメント」の形成

序章で触れましたが、「アタッチメント（愛着）」と呼ばれる、広く知られた考え方があります。子育てや保育、教育現場では、養育者と子どもとの間に形成される特別な結びつき（絆）や愛情関係を示すことばとして理解されていることが多いように思います。

アタッチメントの重要性を最初に指摘したのは、フランスの心理学者ピエール・ジャネ（一八五九～一九四七）です。彼は、オーストリアの精神医学者ジークムント・フロイト

図3-1　哺乳類動物や多くの鳥類は、養育者の身体と「くっつく」ことで育ち始める（写真提供、左上：新華社／共同通信イメージズ、左下：橋本陽介、右上：柳佑実、右下：毎日新聞社）

（一八五六〜一九三九）よりも先に「無意識」の存在に気づいた人物とも言われます。

その後、イギリスの精神医学者ジョン・ボウルビィ（一九〇七〜九〇）は、生物学に根ざした行動制御システムとしてアタッチメントを理論化しました。

彼によると、アタッチメントの本義は文字通り、ヒトを含む動物の子どもが養育者と身体的にしっかりとくっつこうとする（アタッチしようとする）行動特性にほかなりませんでした。子どもが危機的状況に立たされたとき、養育してくれる他個体の身体に接近し、接触することによって生存可能性を高めるという戦略です（図3－1）。ヒトを含む哺乳類動物や鳥類の多くは、こうした行動制御システムを生来的に持つといいます。

ボウルビィは、その原理を精神活動にも当てはめました。子どもが危険を察知すると、恐れや不安といった情動が喚起されます。このとき、鼓動が急激に高まる、瞳孔が大きく開くなどの身体変化が生じます。生物は、身体に起こる急激な生理的変化を一定の範囲内に保とうとする性質を持っています（恒常性 ホメオスタシス）。そして、何かしらの大きな変化が起こったとき、その変動状態を安定的に制御しようとするシステムがはたらきます。これを「アロスタシス」といいます。アタッチメントは、アロスタシスをまだうまく働かせることのできない未熟な乳児が養育者の身体にくっつき、保護されることによってその制御を行い、情動を鎮静化させる（マイナスの状態からいつもの状態に戻す）機能を持つのです。

例えば、ヒトの乳児は、養育者（母性的人物）に対して特別な行動を示します。養育者が自分から離れた場所に行こうとすると泣いて訴えたり、後追いしたりします。養育者の関心を自分のほうに惹きつけ、身体的距離をつねに近くに保とうとします。乳児から発せられるこうしたシグナルが養育者に適切に受け止められ、応答される経験を日常的に繰り返していくことで、乳児と養育者のアタッチメントはしだいに安定したものになっていきます。

†アタッチメントをめぐる誤解

アタッチメント理論について、誤解されがちな点が二つあります。

ひとつめは、アタッチメントが養育者と子どもとの間でみられる情愛の深さや、温かく優しい関係（いつもの状態からプラスの状態へ引き上げる）というものに引きつけて解釈されていることです。

先述のとおり、ボウルビィによると、アタッチメントとは生物が進化的に獲得してきた生存戦略のひとつであり、養育者との情愛的な絆を意味しているわけではありません。もちろん、こうした側面は本来の意味でのアタッチメントと有機的に関連して発達していくとは思います。

また、子どもにとってのアタッチメントの対象は、授乳者たる母親であるという印象がとても強いです。しかし、ボウルビィの理論に基づけば、その対象は生物学的な母親である必要はありません。子どもの発するシグナルを安定的に受け止め、安心感をつねにもたらしてくれる「特定の存在」がそばにいることが大切なのです。

ふたつめは、アタッチメントが、乳幼児期に限定された養育者との特別な関係を意味するものとして受け止められていることです。ボウルビィの偉大さは、さらに深い洞察を行っているところにあります。

彼によると、アタッチメントは子どもが養育者から保護される必要がなくなった後、つまり自立した後も生涯を通じて重要な意味を持つものです。幼少期に養育者と安定したアタッチメントを築くことで、子どもは養育者から守られながらもその安全な場所から少しずつ離れ、新たな環境を積極的に探索し、冒険できるようになります。アタッチメント理論の中でも、とくに重要な点はここにあります。身体が養育者とくっつくことで心身の安定が制御されるだけではなく、そうした経験を豊かに持つことによって、成長するにつれて身体物理的に誰かに依存せずともひとりでふるまえるようになるのです。なぜなら、しっかりと形成されたアタッチメントは、「いざとなればいつでもくっつける」という強い安心感、信頼感を記憶の中に刻み込むからです。

逆に、幼少期に養育者との間でアタッチメント形成がうまくいかないと（希薄、剝奪、虐待などの不適切な養育）、心身の発達に遅れや問題が生じたり、病気に対する抵抗力や免疫のはたらきが低下することがわかっています。また、幼少期に親とのアタッチメントが剝奪されたケースでは、思春期以降にうつ病や多動性障害、解離性障害などが現れやすくなることも知られています。

ただし、最近の研究は、ボウルビィのアタッチメント理論に再考を迫っている面もあります（序章参照）。ボウルビィは、アタッチメントはある特定の養育者（母親的な役割をする者）と子どもの二者間で形成されることを前提としていました。しかし、ヒトは本来、血縁だけでなく非血縁を含む所属集団の複数のメンバーが共同で子育てを行ってきた（アロマザリング 共同養育）という見方が、人類学や霊長類学を中心に示されています。複数の人とアタッチメントを形成し、その多様な経験を統合していくことこそが、より安定した心理、社会的適応を可能にするという考え方は、ヒトは共同養育により進化してきたという見方と一致します。

†触れられかたによる違い

アタッチメントの基本は、発達初期にある特別な存在（特定の養育者）と身体をくっつけ、自分では制御できない身体の生理的変動や情動を一定の状態に調整することですが、おもしろいことに、身体接触のタイプによって乳児の行動にもたらす影響に違いがあるようです。ヒトの乳児と養育者が行う遊び場面では、大きく分けて三つのタイプの身体接触があると言います。

ひとつめは、「刺激的接触」と呼ばれるもので、つつくや揺する、高い高いなど乳児の姿勢を変える、手足を伸ばすなどがあります。ふたつめは「道具的接触」で、乳児の口を拭く、おもちゃを持たせるなどがあります。最後は「情愛的接触」と呼ばれるもので、抱きや撫で、抱擁、キス、能動的に関わるわけではないけれども両者の身体が持続的に接触している（ただ単にくっついている）状態などが含まれます。

これらの中で、乳児の学習動機を高め、主体的な行動を引き出すのは、養育者からの情愛的な接触です。このタイプの身体接触を養育者と多く経験した乳児は、見知らぬ他者を回避する反応を低下させ、また新奇な物に対する関心を高め、それを積極的に探索しようとします。他の二つのタイプの身体接触では、そうした効果はあまりみられません。養育者と子どもの間で起こる身体接触、とくに情愛的接触と呼ばれる身体接触経験が、乳児期の主体性を促すという点において効果的なようです。

この情愛的接触と呼ばれるものの具体的な中身も明らかとなっています。脳や脊髄などの中枢神経から分岐し、全身の器官や組織に分布する神経のことを末梢神経といいますが、これは、信号の伝導速度によって大きく三つの神経線維（A、B、C線維）に分けられます。一般に、線維の直径が大きく、絶縁体となる髄鞘（ミエリン）で覆われていれば伝導速度は速くなります。直径が小さく、髄鞘で覆われていなければゆっくり伝達されます（神経線維の詳細については、第四章「思春期に特徴的な脳発達」を参照）。A線維とB線維は髄鞘化された線維で、C線維のみが髄鞘化されていない線維です。AからC線維の順に、伝導速度はゆっくりとなります。一般に、部位のはっきりした、速い痛みの皮膚感覚は伝導速度の速い神経線維によって、交感神経の活動や鈍く遅い痛みなどは速度の遅いC線維によって伝えられます。

このうち、情愛的接触はC線維が関与しています。C線維は体毛の多い皮膚下に多く分布していて、大人では毎秒三〜一〇cmの速度で軽くなでられた場合にとくに活性化します。この条件で他者から身体をなでられると、活性化されたC触覚線維から脳の島皮質後部に信号が伝達されます（図3-5参照）。こうしたしくみによって、身体内部に心地よさが喚起されるのです。

生後九カ月児では、毎秒二〜三cmくらいの速度で触れられると心拍が安定することがわかっています。いわゆる情愛的接触とは、おおよそこのくらいの速度で刺激される触覚経験を指すようです。また、前章の最後に触れた注射などの鋭い痛みに対する乳児の脳反応は、毎秒二〜三cmくらいの速度で身体をなでると減衰する、つまり、鋭い痛みを和らげる効果があることが最近明らかとなりました。子どもが怪我をしたとき、「痛いの、痛いの、飛んでいけ！」と声をかけて患部に触れたりしますが、この「手当て」は文字通り、痛みを低減する効果のある行為なのです（本章の後半で取り上げるオキシトシンという内分泌ホルモンも、他者から触れられることで分泌が促進され、痛みを低減する作用を果たします）。

†身体接触が認知発達を促す

さらに私たちは、他者と身体を触れ合わせる経験が、発達初期の認知発達を促進することを明らかにしました（元京都大学大学院教育学研究科・田中友香理博士らとの共同研究）。生後半年すぎの乳児に協力してもらい、他者が「身体に触れながら語りかける」場合と「触れずに語りかける」場合とで、彼らの脳活動に違いがみられるかどうかを脳波を用いて調べてみました。

最初に、調査者が乳児と対面し、次のようなやりとりを行いました。ひとつめは、調査者が乳児の身体に触れながら、ある新奇な単語Aを発しました。もうひとつの条件では、調査者は乳児の身体に直接触れることなく、別の新奇単語Bを発しました（図3―2）。続いて、乳児に調査者が発した単語（AあるいはB）をスピーカーから聞かせ、そのときの脳活動が記録されました。

その結果、「身体に触れられずに」聞いた単語に比べて、「身体に触れられながら」聞いた単語に対して乳児の脳が大きく活動することがわかりました。とくに、言語処理に関わる左側の側頭葉、そして思考に関わる前頭葉の活動が高まりました。おもしろいことに、身体に触れられた時によく笑顔を見せた乳児ほど、その単語を聞いた時に高い脳波活動を示したのです。

この研究結果を得たとき、アメリカで行われた面白い実験を思い出しました。アメリカで生まれ育った六〜九カ月の乳児に、週に数回三〇分ずつ、中国語を母国語とする人と遊んでもらいました。彼らは、中国語と接するのは初めてでした。計五時間くらいたつと、乳児は中国語を母国語とする人たちと同じように、中国語に特有の発音を聞き分けることができました。ところが、中国語を乳児に向かって話す場面をビデオを使って同じ時間視

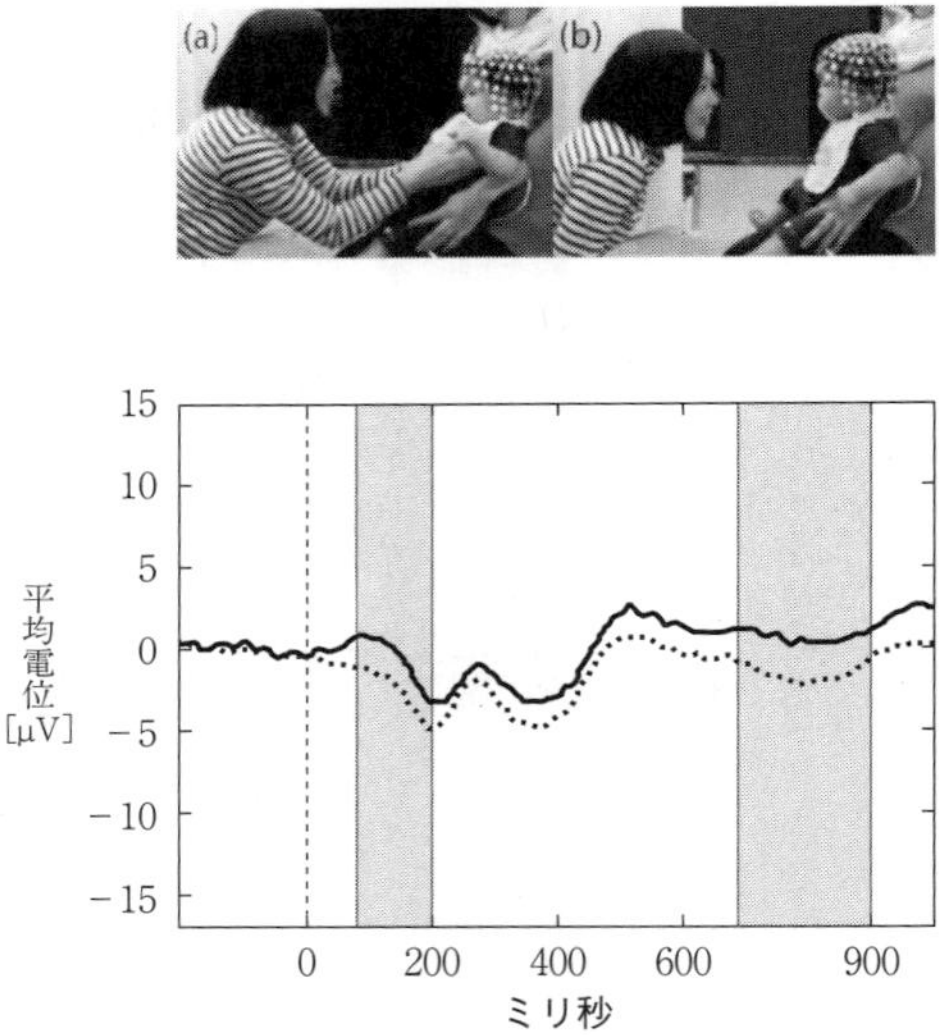

図3-2（上）調査者は乳児の「身体に触れながら（a）」あるいは「身体に触れずに（b）」ある単語を乳児に発した。その後、乳児が経験した２種類の単語をスピーカーを通して聞かせ、その時の脳活動が脳波計により計測された（下）左側頭領域の脳活動（事象関連電位ERP）の平均値。身体に触れた条件（実線）、身体に触れない条件（点線）で経験した単語に対して生じたERP

聴させたときでは、そうした結果は得られなかったのです。いわゆるバイリンガル教育を目的としてビデオを流すだけでは効果が見込めないことを示唆するこの結果は、大きな話題となりました。

†身体レベルから概念レベルの他者理解へ

生後七カ月ごろの乳児は、身体に触れられながら聞いた単語をよく記憶する。この事実は、何を意味しているのでしょうか。

先に述べたアタッチメント理論を思い出してください。ヒトを含む哺乳類動物や多くの鳥類は、生まれてしばらくは自分の体温や心拍、覚醒、睡眠などをうまく調整することができません。養育者による調整が不可欠です。同様のことは精神活動においても見られます。不安や恐怖といった強い情動が喚起されたとき、乳児は養育してくれる個体に身体をくっつけることで身体生理状態を一定の水準に回復させようとします。他個体の身体をかりて、マイナスにふれた身体生理状態をゼロの方向へと回復させる行動システムが生来的に備わっている。これが、ボウルビィによるアタッチメントの基本的な考え方でした。

こうした生物としての生存上の意義に加え、先の実験のように、これまでのアタッチメントの捉え方の枠を超えて、養育者と乳児の身体を介した相互作用こそがヒト特有の社会的認知の基盤であるという説に最近注目が集まっています。

チンパンジーやサルの母子を見なれた立場からヒトの養育者と乳児のやりとりを見ていると、たいへんおもしろいことに気づきます。ヒトの養育者は乳児を抱きながら、あるいは手をとりながら同時に目を見つめ、表情を変化させ、声かけを行うのです。養育者によるこうした積極的なはたらきかけは、他の霊長類では見られません。言いかえると、ヒトは出生直後から、視覚や聴覚、触覚といった多感覚情報（マルチモーダル）を養育者から積極的に提供されるという、とてもユニークな環境の中で育ち始めるのです。

養育者からのこうしたユニークなはたらきかけは、ヒトの脳と心の発達に何をもたらすのでしょうか。

ヒトの養育者は、他の哺乳類動物と同様に、生まれて間もない乳児の身体生理状態を一定の範囲内に保つ調整役を果たします。また、抱き、授乳することによって、乳児の身体内部に血液中のグルコース（ブドウ糖）や、神経活動を落ち着かせる伝達物質のレベルなどを上昇させます。いわゆる「心地よい状態」が、乳児の身体内部に生じるのです。

重要なことは、ヒトの場合、そうした生理的変化が身体に生じることにとどまらない点です。

心地よい身体内部の変化を感じながら（内受容感覚）、ヒトは、養育者から微笑みを向けられ（視覚）、声をかけられる（聴覚）などの外界情報（外受容感覚）を「同時に」与えられます（内受容感覚、外受容感覚などの身体感覚については後で説明します）。そうした経験を積み重ねていくと、乳児の脳にはある記憶の結びつきが生じ始めます。養育者の顔や声といった情報が、身体内部に生じる心地よさ（報酬系活動）と関連づけて記憶されていくのです（連合学習）。さらには、養育者の顔（視覚）や声（聴覚）、匂い（嗅覚）、肌ざわり（触覚）のいずれかを経験するだけで、他の外受容感覚や内受容感覚が結びついて、養育者という存在が頭の中に「概念」として浮かび上がるようになります。物理的、身体的なレベルの理解を超えた、記憶表象レベルの他者意識です。

ボウルビィのアタッチメント理論の中核である「いざとなったらいつでもくっつける」という強い安心感を持つには、身体を保護してくれる養育者が目の前にいなくても、頭の中でありありとイメージできなければいけません。ヒトは、種特有のはたらきかけを他者から受けて育つことで、他の霊長類とは異なるレベルの他者意識を獲得していくとみられます。先に、情愛的接触が、乳児の主体的な探索行動を促進すると言いました。乳児が外界のさまざまなものを積極的に探索することができるのは、養育者との間で形成された心

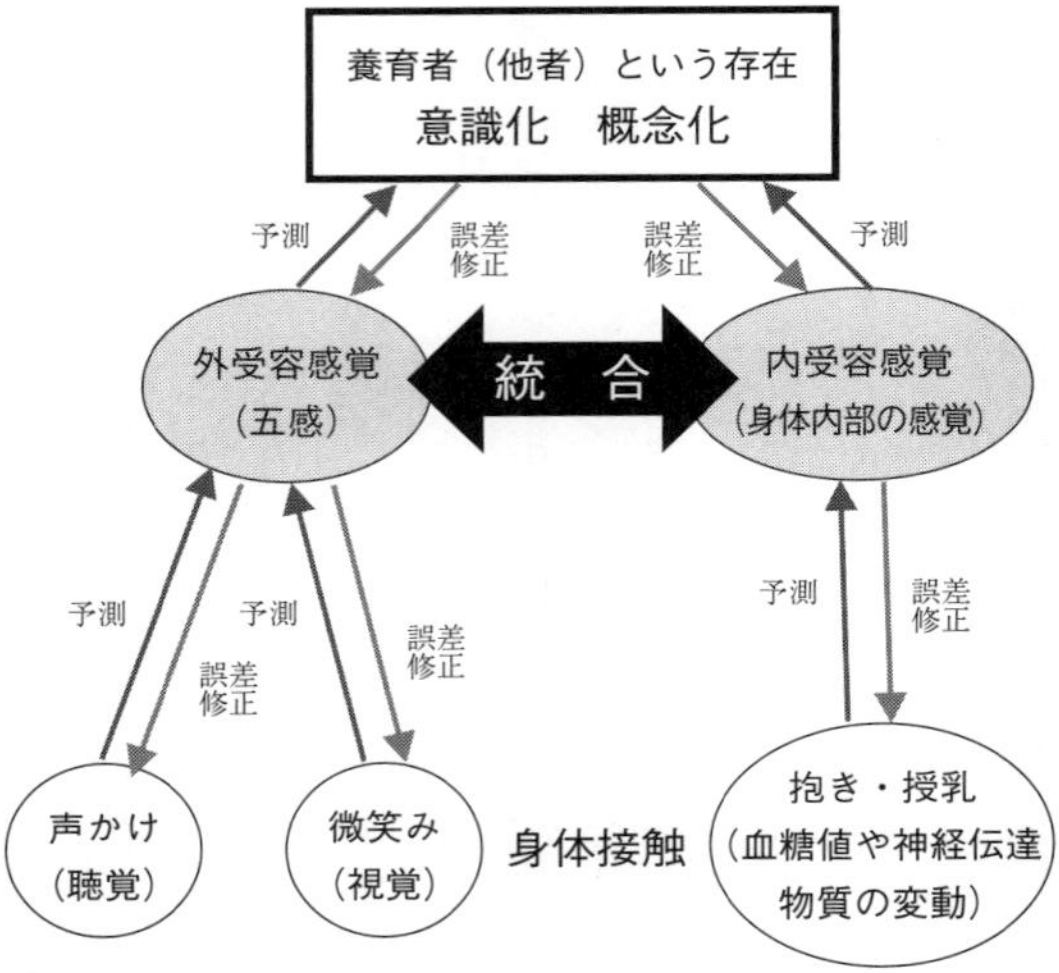

図3-3　ヒトは養育者から報酬を受けながら学習動機を高める
（Atzil et al., 2018 をもとに作成）

地よい記憶が形成され、それに基づく養育者のイメージが頭の中にいつも存在しているからなのです（図３－３）。

間接的な証拠ではありますが、この解釈を支持する研究が最近発表されました。ゆっくりと軽く他者から触れられることが、乳児の心拍を安定させることはすでに述べましたが、実験的な操作を加えて、養育者の顔あるいは知らない女性の顔のどちらかを乳児に見せながら、三種類の速度（毎秒〇・三、三、三〇cm）のいずれかで乳児に触れます。すると、乳児の心拍数が最も安定したのは、養育者の顔を見ながら三cm／秒の速度で触れられた場合であったそうです。日常場面で養育者から得る外受容感覚の情報（ここでは触覚―視覚）、そして養育者との身体接触がもたらす内受容感覚の経験が統合され、養育者という存在が概念化されていることがうかがえます。

†三つの身体感覚

養育者をはじめとする他者という存在を概念レベルで理解する（他者意識）には、コインの裏表と同じように、自己という存在について理解すること（自己意識）が必要です。とくに、他者の心的状態を自分のそれと分離し、それぞれを独立にイメージし、推論する

外受容感覚	視覚　聴覚　触覚　嗅覚　味覚
自己受容感覚	筋・骨格・関節から生じる運動感覚 前庭器官により生じる平衡感覚
内受容感覚	自律神経の反応を含めた身体内部（内臓）状態の感覚

図3-4　3つの身体感覚

能力は、ヒト特有の社会的認知の要《かなめ》です（第四章「ヒト特有の前頭前野のはたらき」参照）。そうしたヒト特有の認知能力を獲得する基盤となっているのは、身体レベルで自己とそれ以外を区別するという基本的感覚です。これを「身体感覚」と呼びます。

環境と動的に相互作用する過程で、私たちの身体にはある感覚経験が生じます。それは、「外受容感覚」「自己受容感覚」「内受容感覚」の三つに分けられます（図3－4）。

「外受容感覚」とは、いわゆる五感（視覚・聴覚・触覚・嗅覚・味覚）のことです。環境からの情報を、それぞれに対応する感覚器が処理します。「自己受容感覚」も、身体と環境の相互作用によって生じるものですが、こちらは筋・骨格、関節の運動感覚と前庭器官（耳のもっとも奥に位置する内耳）を通じて感じられる平衡感覚を指します。最後の「内受容感覚」は、身体内部に生じる感覚です。例えば、胃が痛い、お腹がすいた、おしっこがしたい、といった感覚のことです。こうした感覚は、内臓から自律神経を通って脳に信号が伝わるため、「内臓感覚」とも呼ばれます。

なかでも、外受容感覚からの情報と、内受容感覚に由来する情報が統合される過程はたいへん重要です。なぜなら、この統合こそが、ヒトだけが持つ心のはたらきである「感情の主観的な気づき」に深く関わっているとみられるからです。

一般に、感情とよばれるものは大きく二つに分けられます。ひとつは、身体の生理状態の変化がもたらす無意識レベルの「情動（emotion）」、もうひとつは、意識可能な「感情（feeling）」です。

前者の情動（emotion）は、自律神経系の反応とともに生じます。例えば、恐怖を感じるときには心拍数が上昇し、瞳孔が大きくなります。これらは意識的に制御できるものではありません。

それに対し、感情（feeling）のほうは、そうした生理反応が生じた原因を主観的に推定する、意識レベルの体験です。恥ずかしい、緊張する、怖い、などといった感情が意識にのぼるということは、身体生理反応が生じた前後の文脈から、脳がその原因を解釈した結果なのです。

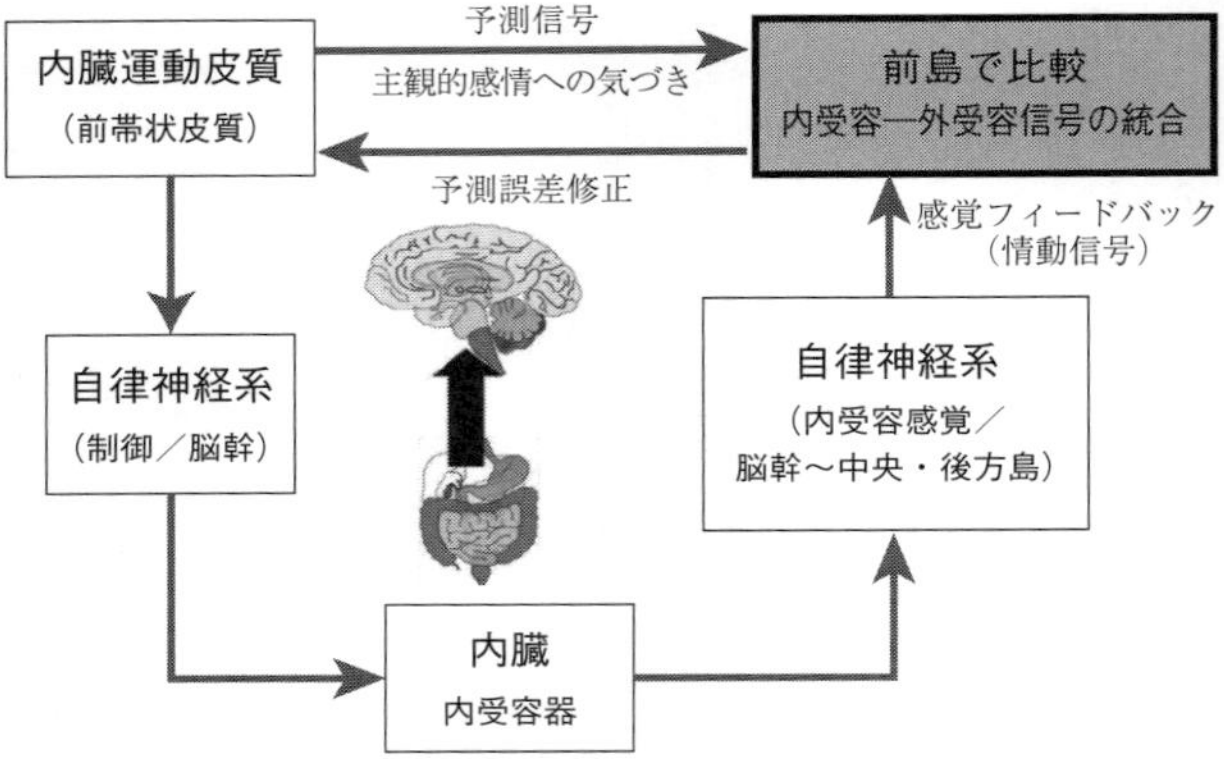

図 3-5　前島という脳部位で内受容感覚と外受容感覚の統合が起こり、感情が主観として意識にのぼる

これに関連した、おもしろい言い回しがあります。私たちは「怖いから逃げるのではなく、逃げるから怖い」というものです。危機的な場面においては、まずは自律神経系を中心とする瞬時の身体反応が立ち現れ、逃げるという行動を引き起こします。怖いと主観的に感じるのは、実際には逃げた後なのです。こうした感情への気づきは、言語を獲得し始める生後一歳半〜二歳あたりからみられます。

感情に主観的に気づくしくみをたどると、内受容感覚の情報は脳の島皮質（insula）という部位に送られます。それはさらに島皮質の前方（前島）へと送られますが、そこで外受容感覚からの情報と統合されます（図3-5）。この前島のはたらきにより、ヒトは自分の感情を意識できると考えられています。ヒト以外の霊長類の脳では、そうしたはたらきは確認されていません。

外受容、自己受容、内受容から成る三つの身体感覚を、環境と相互作用する過程で同期的・連続的に経験していくことで、自分の身体が「自分のもの」であるという統一的な実感、自己という存在に対する意識が生まれてくるのです。

†自己意識は「予測」のうえに成り立つ

他とは異なる存在として意識される、自己というまとまりが生じるためには、三つの身体感覚の時空間の関係が統一的に安定したかたちで感じられることが必要です。それに関与するきわめて重要な脳のはたらきがあります。それは、身体感覚の「予測」です。

普段感じることはほとんどありませんが、私たち生物は、絶え間なく変化し続ける環境をつねに脳内で予測しながら生きています。いつもとは違う出来事を経験しても、その異常事態を瞬時に検出し、早急に事態に対処することができます。また、環境はつねに変動するため、既存の予測を更新しながら柔軟に対応していくことも、生存上きわめて重要です。

このように、生物は環境と自己の状態を脳内で「予測―照合―誤差修正」する神経系シ

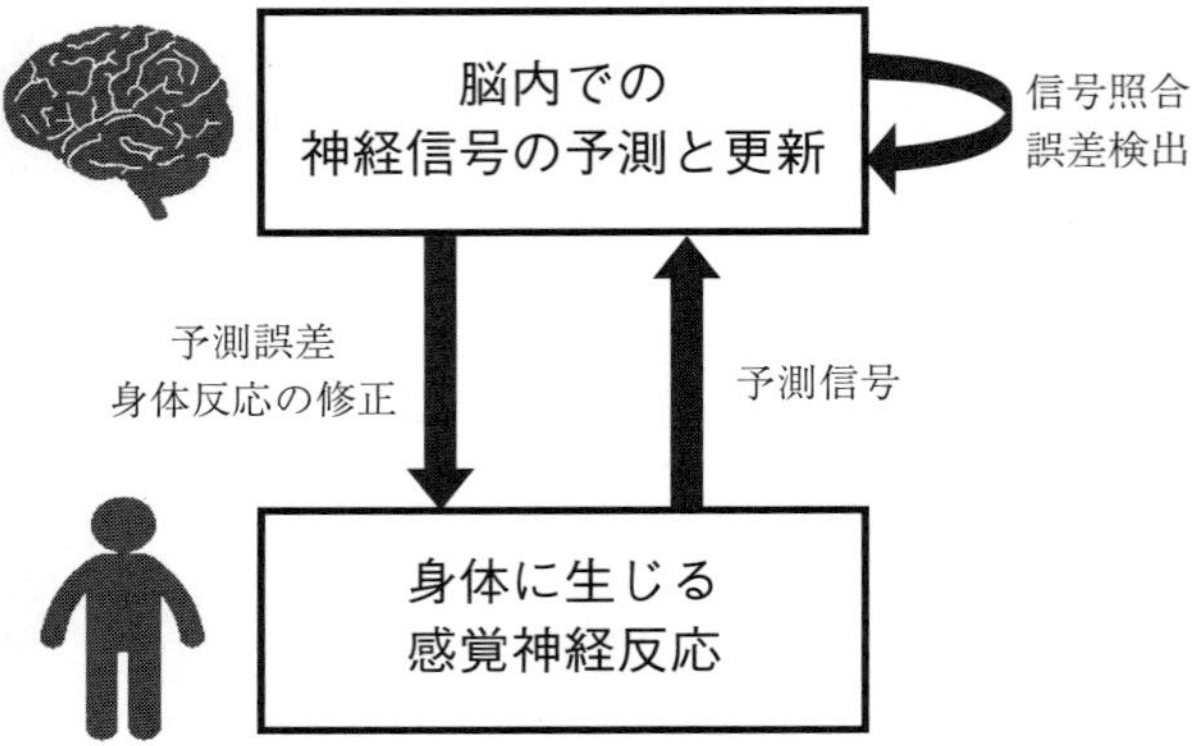

図 3-6 「内部モデル」の大まかなしくみ

ステムをもっています。これを「内部モデル」と言います（図3－6）。

対人場面を例にとって、内部モデルのしくみを具体的に説明しましょう。誰かとうまくコミュニケーションできる、ということは、相手がどうふるまうかをあらかじめ予測しながら適切に対応できている、ということです。その予測は、これまでの対人経験に基づいて作られていますが、その予測はつねに的中するとは限りません。とくに対人関係は、対物関係とは異なりきわめて複雑です。同じ相手からいつも同じ反応が返ってくるわけではないからです。相手のふるまいに対する予測と、実際に起こった結果とを照合してみると、ギャップを感じることは少なくありません。こうしたギャップを予測誤差といいます。

生物が持つシステムはため息がでるほどすばらしくできているなあ、と感動するのはここからです。脳は、予測誤差を検出するにとどまりません。誤差を検出すると同時に、これまでの予測を随時修正し、予測をつねに更新していくのです。あらかじめ予測しながら行動は制御され、また、その行動の結果が予測の修正、更新に影響を与える、こうした柔軟な「フィードーフォワード」のループが形成されることで、文脈に応じた適切なコミュニケーションが可能となるわけです。

ここで、先に述べた三つの身体感覚、外受容、自己受容、内受容感覚を思い出してください。それらが統合される過程には、この内部モデルが深く関わっています。それぞれの身体感覚情報が処理される際に、予測誤差が「最小の域に収まる」情報は統合され、まとまりをもつ自己身体というものの表象、意識化を生み出すと考えられるのです。

自分で自分の身体をくすぐっても、なぜくすぐったいと感じないのでしょうか。それは、くすぐるという予測と同時に、くすぐられるという感覚もあらかじめ予測されているため、実際に生じる誤差が最小となるからです。他方、他人からくすぐられる場合には、大きな予測誤差が生じます。そのため、他人からくすぐられると、とてもくすぐったく感じるのです。

では、自己身体感覚の内部モデルに問題が生じるとどのようなことが起こるのでしょうか。よく知られる例として、統合失調症でみられる陽性症状「させられ体験」があります。自分自身が主体的に何かを行っているという感覚が薄れ、他者あるいは外部からの力によって自分の感覚が強められたり弱められたりされている、自分の身体が操られている、といった精神症状です。これも、「予測―照合―誤差修正」のシステムがうまく働かないことに起因すると考えられています。

三つの身体感覚から得られる情報を「予測―照合―誤差修正」しながら統合的に処理することにより、ヒトは自己という存在を、それ以外のものと区別して意識しているのです。三つの身体感覚が統合されていく発達の過程では、養育者が身体を介して積極的に乳児にかかわることがいかに大切か、おわかりいただけたでしょうか。

†養育者の脳と心も変化する

本章の最後に、もうひとつ強調しておきたいことがあります。ヒトの養育者が身体を介して乳児に積極的にはたらきかける経験は、乳児の感情や認知の発達を促進するにとどまらず、養育者の側の心身にも変化を生じさせることです。

ヒトを含む哺乳類動物や鳥類の多くは、自分では制御することのできない不安や恐れに対する情動や身体状態の変動を、養育者の身体を使って鎮静化し、一定に保とうとする（ホメオスタシス）行動システムを進化の過程で獲得してきました。

ホメオスタシスの維持には、おもに二つの生体反応が関与します。ひとつは、自律神経系を介した反応で、数秒程度で現れる、即時的、一過性の反応系です。それにより、私たちは危険な状況に出くわすと、とっさに逃げようとする、避けようとするなどの行動を起こします。

もうひとつは、内分泌、いわゆるホルモンが分泌される反応です。これは、数分から数日間かけて起こるゆっくりとした反応系です。アタッチメントに関連が深いホルモンのひとつは、「オキシトシン」と呼ばれるペプチドホルモンです。オキシトシンは、脳の視床下部から下垂体後葉にかけて合成、血中へと放出されます（図3-7）。

オキシトシンには、母乳放出や子宮の収縮を促すはたらきがあり、出産、授乳時に大量に分泌されますが、メスだけではなくオスでもオキシトシンは分泌されます。オキシトシンがなぜアタッチメントに関連するかというと、身体に変化をもたらすにとどまらず、心

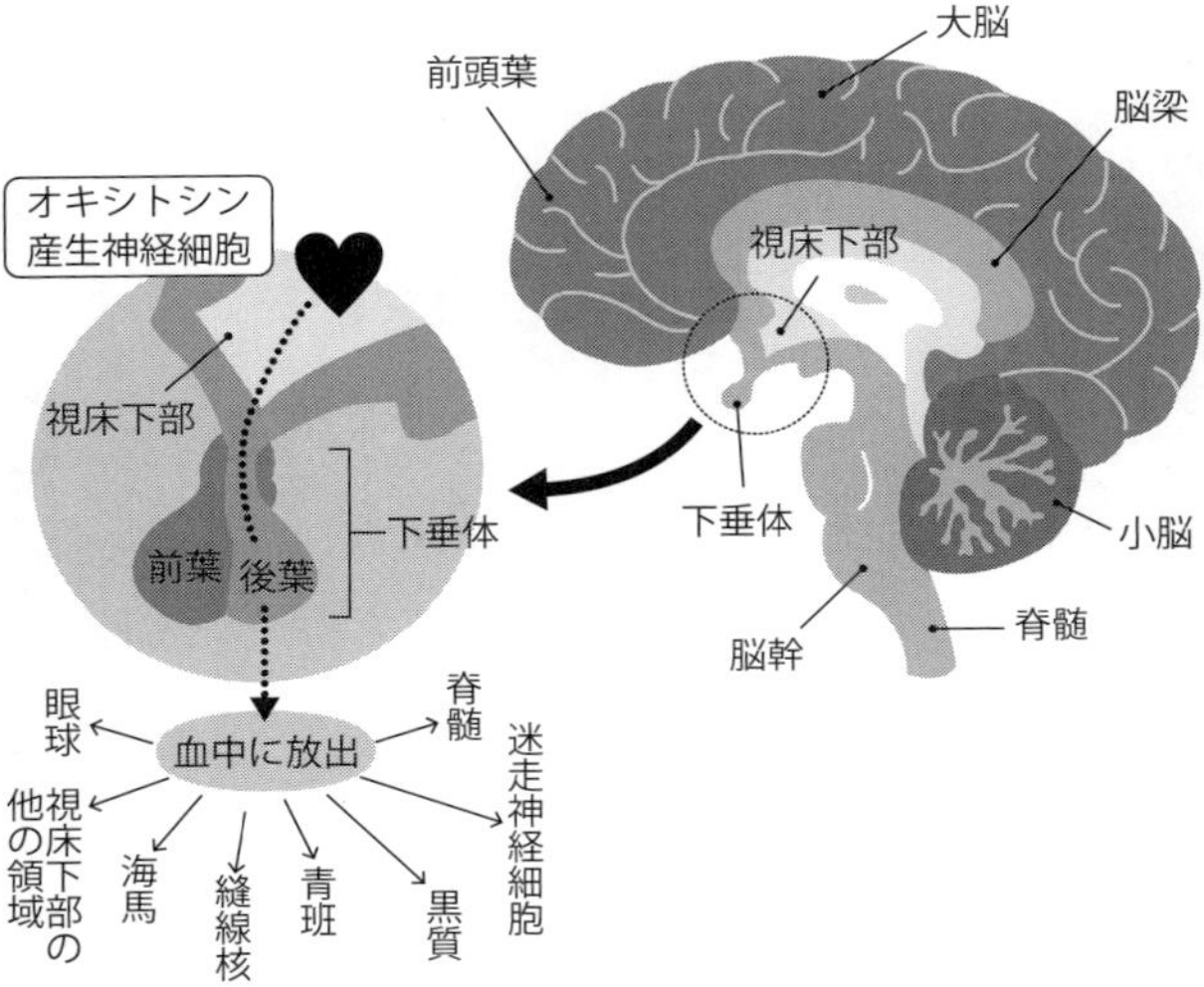

図3-7　オキシトシンは脳の視床下部から下垂体後葉にかけて合成され、血中に放出されるホルモンである

の側面、たとえば育児動機を高める、相手への信頼や愛情を高める、対人関係を円滑に進める、記憶や学習能力を高めるなどのはたらきを促すからです。

　オキシトシンの分泌をとくに高めるのは、身体的な接触です。分娩後、母親のオキシトシンの濃度は低下します。その後も養育に対する動機を高め、維持するには、オキシトシンの分泌を継続して高めていくことが必要です。それを可能にするのが、乳児に授乳する、抱っこする、優しくタッチする、キスするなどの直接的な身体接触です。

ヒトを対象とした最近の研究では、オキシトシン濃度が高い母親ほど、乳児の目を長く見つめる、身体接触の頻度が多い、育児に積極的に関わろうとする、などの関連が報告されています。ここで重要なことは、こうした行動特性は、出産、授乳をしている母親に限定されない点です。育児中の父親のオキシトシン濃度を調べてみると、やはりオキシトシンの分泌が多い方ほど育児に積極的に関わろうとします。おもしろいことに、育児中の夫婦の間ではオキシトシン濃度の変化が類似していて、母親のオキシトシン濃度が高く維持されている母親では、そのパートナーである父親、さらには乳児自身のオキシトシンの濃度も高くなっているそうです。また、動物実験ではありますが、オキシトシンの作用を阻害する薬を分娩後のメスのラットやヒツジに投与すると、養育行動が見られなくなります。

ホメオスタシスの維持に関連する自律神経系と内分泌、これら二つの身体反応系について考えると、乳児が養育者の身体にくっつく行動システムは、乳児のホメオスタシスの乱れを落ち着かせることにとどまらず、養育者の側にも大きな影響をもたらすことがわかります。日常的に乳児の身体に接触する経験を豊かにもつことが、養育者の乳児に対する愛情や養育したいという動機を高める上で必須なのです。

†子育て経験が脳と行動に与える影響

では、日常的な子育て経験によって、養育者の脳や行動は具体的にどのように変化するのでしょうか。

先述のように、私たちは乳児をあやすとき、目を見つめ、身体や玩具に触れ、話しかけます。これほどまでに多様に身体感覚を経験させながら子育てを行う動物はヒトだけです。中でも、触覚と聴覚を介した相互作用はヒトにきわめて特異的なものです。

そこで私たちは、触覚と視覚、二つの外受容感覚に焦点をあて、子育て経験が聴覚と触覚の統合処理にどのような影響をもたらすのかを検証してみました。この研究には、一歳半〜二歳の乳児を養育中の母親と、養育経験のない女性に協力していただきました（元京都大学大学院教育学研究科・田中友香理博士らとの共同研究）。

実験では、あるモノ（やわらかい布、紙やすりなど）に触れてもらい、その直後にそれらに関連する「触覚語（ふわふわ、ざらざらなど）」を表現した音声をスピーカーから流しました。その時に生じる脳波を計測し、触覚語を脳内でどのように処理しているのかを調べました。

条件は、以下の二つとしました。①音声（触覚語）が、直前に触れたモノの感覚（触覚）と一致または不一致であったかどうか、②音声（触覚語）が、乳児向け音声（対乳児音声）または成人に向けられた音声（対成人音声）であったかどうか。これら二×二の計四パターンの組み合わせからなる実験を行い、その間の実験参加者の脳活動を計測しました。母親には、日常場面でどのくらいの頻度で子どもに対して触覚語を使っているかについても回答してもらいました。

その結果、母親では対乳児音声を聞いたとき、「音声（触覚語）―触れた感覚（触覚）」が不一致であるときに脳が強く活動しました。他方、養育経験のない女性では、そうしたことは起こりませんでした（図3‐8）。興味深いことに、子どもとの日々の相互作用の中で、触覚語の使用頻度が日常的に高いと回答した母親ほど、音声内容と触覚が不一致であったときの脳活動が大きいこともわかりました。

つまり、日常的な養育経験（子どもに対する触覚語の発話頻度）と、その情報を処理する脳活動との間には明確な関連があるのです。最近発表された研究によると、養育経験によって生じる脳活動の変化は、女性、男性を問わず起こるそうです。つまり、子育てに必要となる脳と心は生まれながらに女性に埋め込まれているものではなく、経験によって柔軟に、可塑的に形成されていくのです。母性、父性という従来の捉え方や表現に代えて、私たちは「親性」と呼ぶことを提案しています。

†子どもが育つ、親も育つ

養育者は、母親、父親を問わず、日々子どもと接する経験を通して、親としての脳と心をもつ存在になっていきます。子どもが育つ過程で、親の側の心身も育っていくのです。また、この事実は、子どもを持つ親にのみ限定的に当てはまるものではありません。例えば、保育現場などで子育てに関する専門職に就いていらっしゃる方の脳や心も、日常の経験によって子育てが適応的に行われる機能を持つものへと柔軟に変化していきます。

現代社会では、子育てにまつわる問題が深刻化の一途をたどっています。その根幹には、生物としてのヒトの特性とそれと切り離すことのできない適応的環境についての理解の希薄さがある。そして、子育てという営みについて言えば、養育する側に起こる脳生理的側面は経験によって可塑的に変化するという事実に対する科学的理解がいまだ不十分であることに大きな問題があると感じます。

発達科学者として果たすべき役割は、ヒトの子育てに関する正しい知識を社会に伝えて

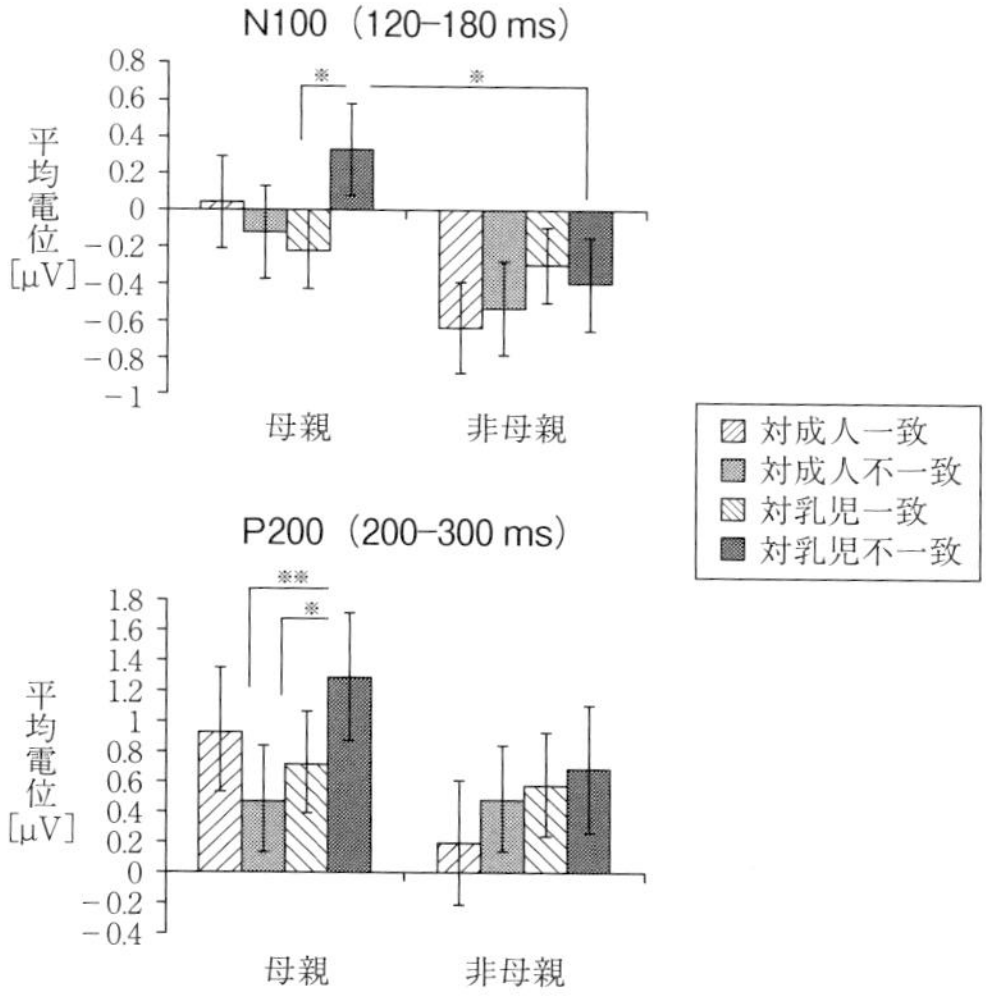

図 3-8　音声刺激（触覚語）の呈示開始から 1000 ミリ秒間の脳活動を抽出し、脳活動の解析を行った（上）前頭領域でみられた、比較的早くに立ち現れる脳波反応（N100）。刺激の自動的な処理を反映している（下）前頭領域でみられた、比較的ゆっくり立ち現れる脳波反応（P200）。単語の音韻処理に関与する

いくことです。同時に、子育てする側の心身を支援するための「真に適切な」方法を、科学的根拠をもって現場に提言することも喫緊の課題です。それは、人類の未来を守るための責務でもあります。

†生物としてのヒトの子育て——身体の触れ合いが基本

ヒトが他者の身体と連続してつながることで、ヒト特有の心を発達させていく点はたいへん重要です。発達初期のヒトの脳は、他者と身体を触れ合わせる心地よさと同時に、目を見つめ、声を聞き、匂いを感じる経験を同時に受けて学習を効果的に進めるようにつくられています。そして、そのために必要な環境を提供する役割をもつ養育者の脳と心も、やはり進化の産物なのです。そして、それは出産と同時に親としての心に自動的にスイッチが入るわけではなく、子どもと身体を触れ合わせる経験によって発達し、形づくられていくことも忘れてはいけません。

▼ポイント

（1）三つの身体感覚「内受容感覚」「自己受容感覚」「外受容感覚」

（2）自己意識は、身体感覚の内部モデル（予測―照合―誤差修正）によって生じる

（3）子どもとの身体接触を介する触れ合いによって、養育する側の脳と心も可塑的に変化する

（4）ヒトの心は、他者の身体と連続することで発達する

第四章

脳が集中して学習するタイミング

この章では、ヒトの発達の本質を示すもうひとつのキーワード、「多様性」を取り上げます。心の多様性が生み出される発達の軌跡と、それが起こる背景について考えてみましょう。

†心の問題が顕在化しやすい時期がある

これまで見てきたように、ヒトは胎児のころから持つ身体（遺伝子、脳）を環境（他者、社会、文化）と複雑に相互作用させながら、連続的に脳と心を創発・発達させていきます。また、その相互作用は生涯を通じて変化し続けます。身体と環境の相互作用がもたらす影響は、後の相互作用のしくみ自体を変えていくのです。こうした過程を経るにしたがい、発達軌跡の多様性が広がっていくと考えられます（図1－5参照）。

「〇歳になったら▲ができる」「〇歳と□歳では違いがある」などといったよくある表現は誤りではありませんが、そうした固定的な見方だけでは、ヒトの心の発達がなぜこれほど多様であるのかを科学的に理解することはできません。

ヒトの脳と心の発達の多様性が生み出されていく背景を知る上で、手がかりとなる現象があります。そのひとつは、**心の発達にまつわる問題の多くは、ある特定の時期に集中し**

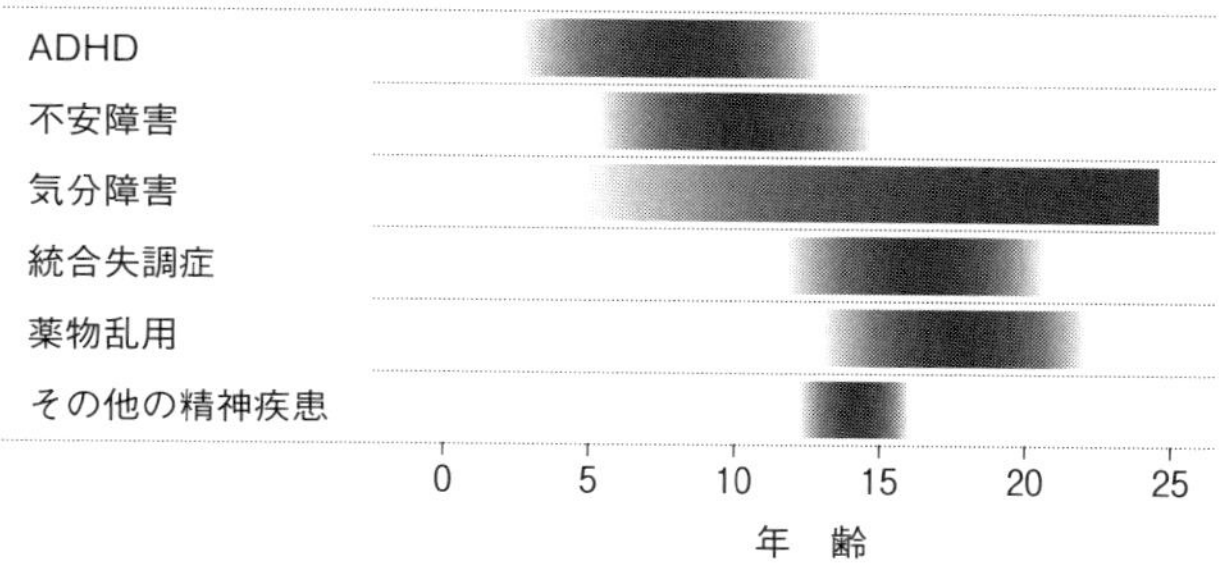

図4-1　精神疾患の75％以上は思春期から青年期にかけて集中的に発症する。アメリカでは５人にひとりが成人期まで続く精神疾患を発症する（Lee et al., 2014をもとに作成）

て起こるという事実です。

いじめ、不登校、引きこもり、薬物依存、自殺など、自分と他者の心的状態の理解に苦しみ、対人関係に起因する精神的問題を抱える子どもの数は、増加の一途をたどっています。重要なことは、うつ病、統合失調症、不安障害などの精神疾患が発症するのは、思春期（puberty・第二次性徴、性成熟の開始）の開始から青年期まで（adolescence・心理、社会、経済的な依存状態から独立するまで）の期間に集中している点です（図4－1）。精神疾患経験者の五〇％は一四歳、七八％は二四歳までに発症すると言われています。では、身体が環境と相互作用する過程で、なぜある特定の時期に、そうした心の問題が顕在化しやすいのでしょうか。この時期、子どもたちの脳と心にいったい何が起こっているのでしょうか。

†脳はでこぼこしながら発達する

まずは、ヒトの大脳（構造と機能）が胎児期からどのように変化していくかを見ていきましょう。

図4－2は、胎児期に起こる大脳の見た目の変化を示しています。脳回（大脳のしわの隆起した部分）と脳溝（大脳のしわの溝にあたる部分）は、胎齢（受精後）二五週ごろから急激に形成されます。胎齢三二〜三五週には、脳回や脳溝の基本形態が整います。

そして、胎児期最後の二ヵ月間で、大脳はさらなる変化を遂げます。ここから容積が急に増大し、脳溝の数も増加します。新生児の大脳の見た目は、成人のそれとほとんど変わらないほどです。

胎児期の脳のこうした発達的特徴は、ヒトだけに見られるようです。チンパンジーの胎児の大脳も、胎齢二〇週ごろまではヒトの胎児と同様に右肩上がりの発達速度を示します。ところが、それ以降は発達速度が急低下するのです（図4－3）。

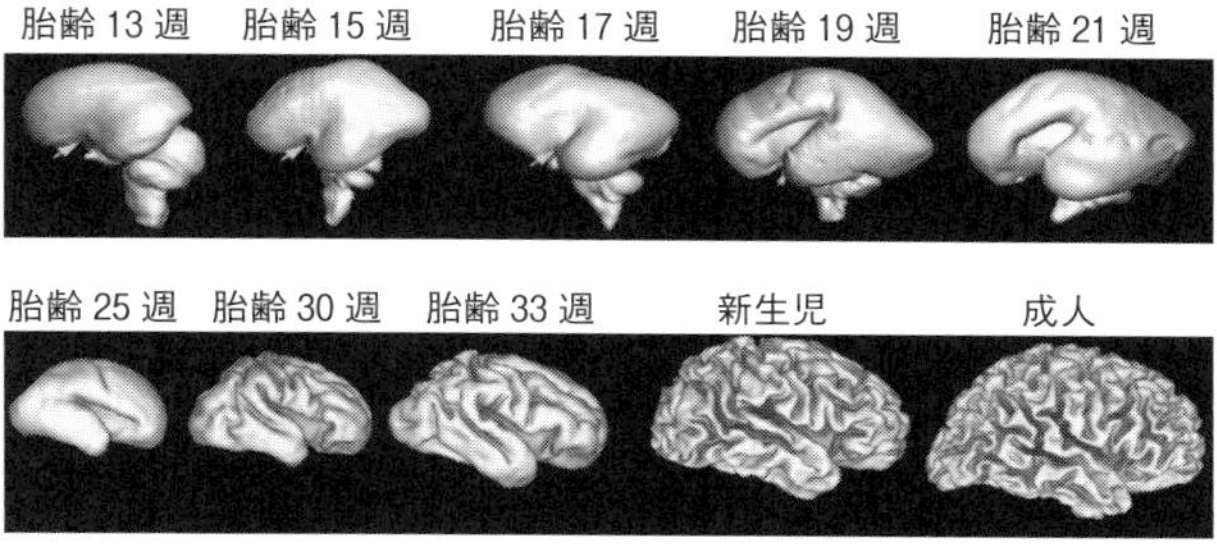

図 4-2　胎児期から新生児期にかけてのヒトの大脳の見た目の変化（Huang et al., 2009, Van Essen Lab Wiki Home Page, http://brainvis.wustl.edu/wiki/index.php/Main_Page11 をもとに作成）

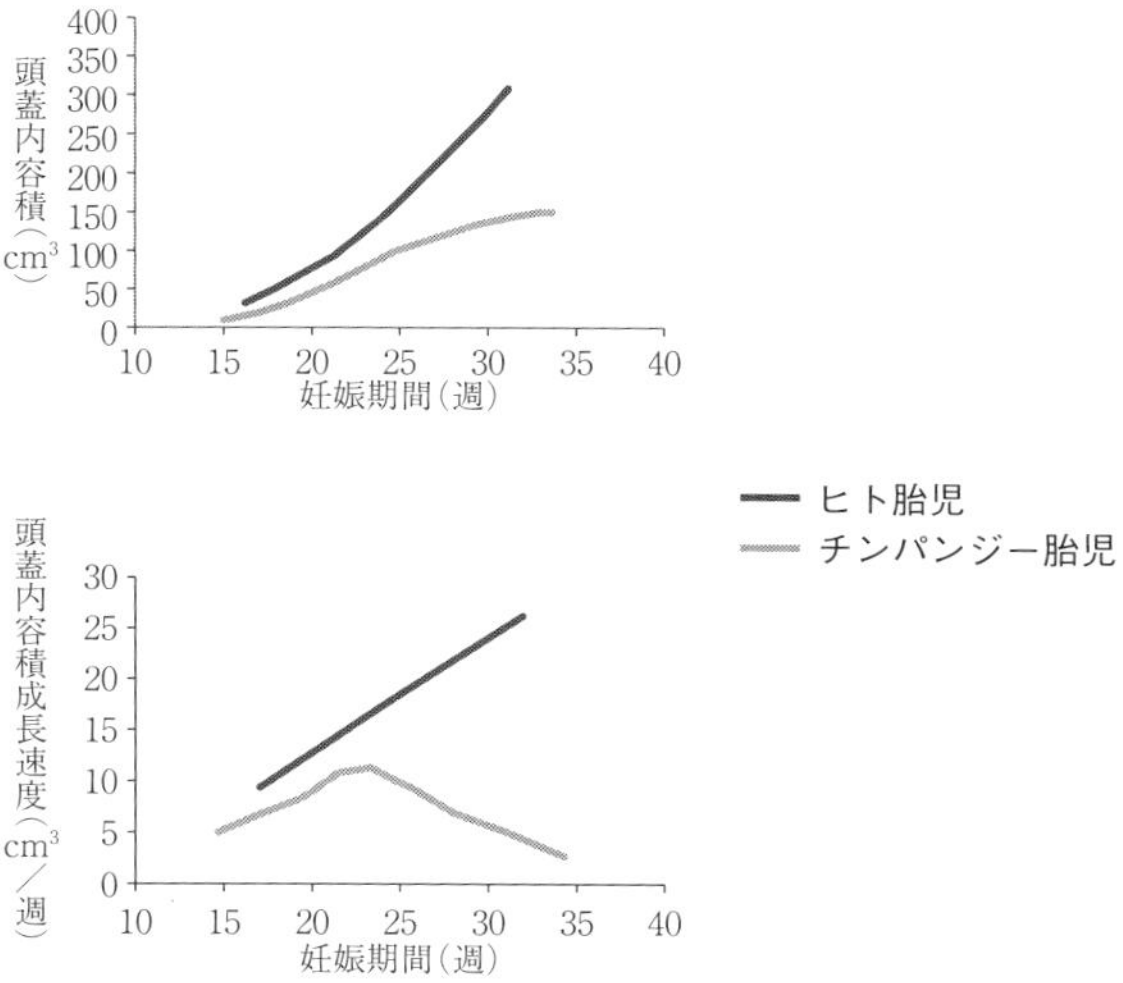

図 4-3　ヒトの大脳の容量は妊娠 22 週過ぎから顕著に大きくなる。ところが、チンパンジーでは逆にその発達速度は緩やかとなる（Sakai et al., 2012）

「刈り込み」現象——脳内ネットワークが選択される

大脳の容量や見た目だけでなく、それを構成する脳神経回路（ネットワーク）も、出生直前から生後一年にかけて急激に変化します。

ニューロン（神経細胞）は、情報処理装置としての特徴を備えています。信号を受け取る突起（樹状突起）と、信号を伝導する突起（軸索）から成ります（図4-4）。軸索の末端はこぶ状に膨らんだ形をしていて、「シナプス」と呼ばれています。シナプスは、他のニューロンとは接触しておらず、数万分の一ミリメートルほどのすき間があります。軸索から伝わってくる電気信号は、シナプス間のすき間を飛び越えることができません。そこで、電気信号を化学物質の信号に変えることによって、情報が伝達されるしくみとなっています。

電気信号が伝わってくると、シナプスにある小胞の部分から、神経伝達物質と呼ばれる化学物質がシナプスのすき間に分泌されます。神経伝達物質が次のニューロンの細胞膜にある受容体に結合すると電気信号が生じ、情報伝達が可能となります。神経伝達物質には、アセチルコリン、ノルアドレナリン、ドーパミンなどがあります。

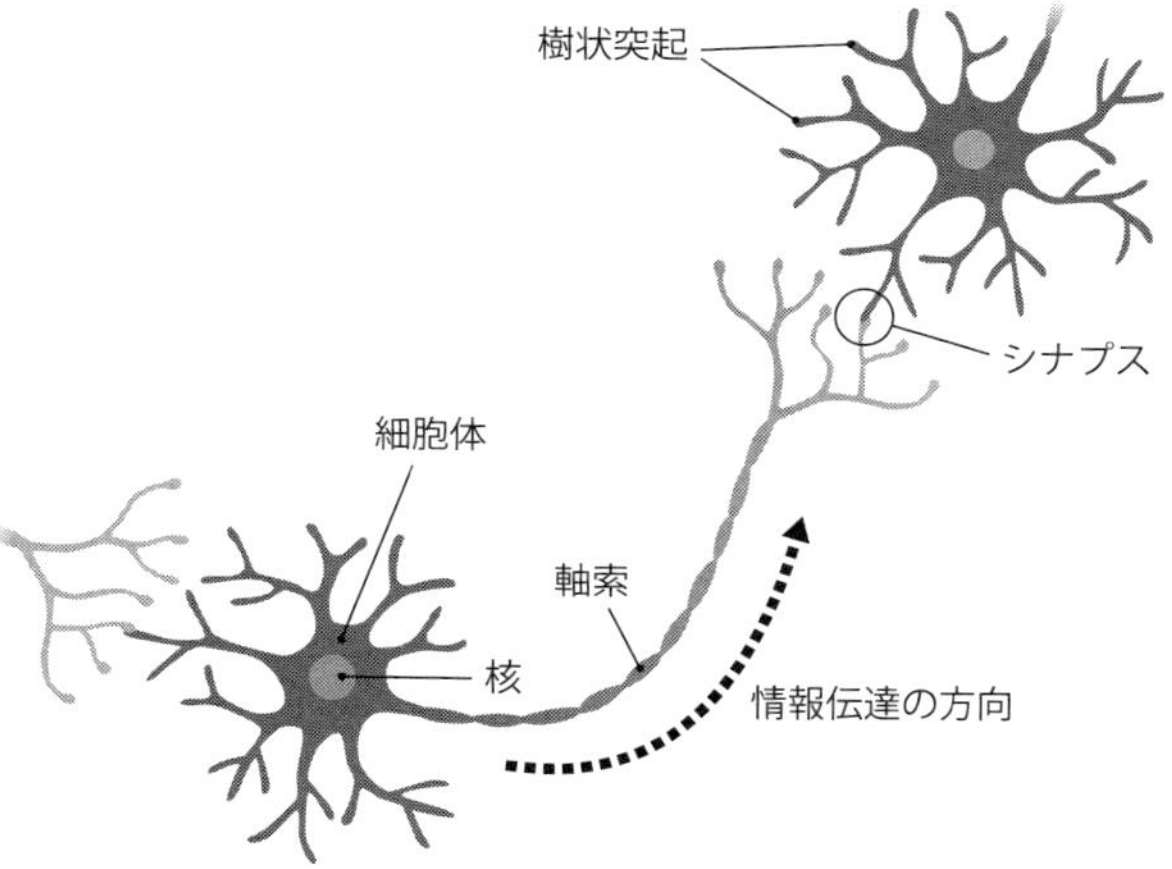

図 4-4　ニューロンの構造。細胞体からは通常 1 本の長い軸索と枝分かれした樹状突起が伸展している。ニューロン間の信号伝達は、軸索と樹状突起で構成されるシナプスを介して行われる。樹状突起や細胞体で受け取った情報は細胞体に集約され、軸索を通って隣のニューロンの樹状突起や細胞体へ神経伝達物質が放出されることで伝わっていく

シナプスのネットワーク構造が爆発的に形成される時期は、胎児期から新生児期にかけてです。シナプスの密度がもっとも高くなるのは、生後二、三カ月ごろと言われています。おもしろいことに、その後シナプスの数はしだいに減っていきます。身体が環境と相互作用する過程で、適応的なはたらきを担うシナプスは残され、そうでないシナプスは除去されていくのです。こうした現象は、「シナプス刈り込み（synaptic pruning）」と呼ばれています。

ここでいう「適応的な」シナプスとは、信号の伝達によく使われる（発火する）シナプスという意味です。伝達が起こる際、ともに発火するシナプスのネットワークは生き残り、同時に発火しないネットワークは抑制され、最終的には刈り取られていくのです。この調整は、ニューロンの発火を抑えるはたらきをもつGABA（γ-アミノ酪酸）と呼ばれる神経伝達物質が担っています。

この原理がうまく機能しないことが、一部の自閉スペクトラム症（ASD）や注意欠如・多動症（ADHD）などの発達障害、統合失調症などの精神疾患の発症に関連するという報告もあります。この原理が明らかになれば、シナプスのネットワークを直接修繕することで、精神疾患をより効果的に治療できる可能性があります。今、それを実現するための研究が欧米を中心に盛んに行われています。

†刈り込みは脳の後ろ側から前に向かって進む

ここで重要な点は、シナプスの刈り込みが起こる年齢は、脳の部位によって異なっていることです。

第二章の図2-9を見てください。例えば、後頭葉にある視覚野のシナプス密度は、胎例二〇週から生後二、三カ月ごろに急激に高まり、生後四カ月ごろピークを迎えます。シナプスの刈り込みは、生後八カ月ごろから始まり、八歳までには成人のレベルに達します。

他方、言語や思考など、ヒト特有の高度な認知機能を担う前頭前野についてみると、シナプス密度がピークに達するのは生後四年あたりです（図4－5）。この時期には、成人のおよそ二倍の密度があるそうです。そして、四歳を過ぎたあたりから前頭前野の刈り込みが始まります。その後一〇年ほどかけて、シナプスの刈り込みはゆっくりと進んでいくのですが、それが急激に進む時期がやってきます。一四～一六歳ごろです（図4－6）。前頭皮質が成人レベルに成熟するまでには、何と二五年もかかるのです。

†脳の「感受性期」――環境の影響を受けやすい特別の時期

先に述べましたが、シナプスが刈り込まれる現象は、身体が環境と相互作用する経験によって生じます。そのため、前頭前野の神経ネットワークは、シナプス密度がピークとなる四歳ごろや刈り込みが進む一四～一六歳ごろに、環境の影響をとりわけ強く受けて変化します。このような現象は、前頭前野に限定されるものではありません。**脳の発達において、環境の影響をとくに受けやすい特別の時期がある**のです。これを、脳の「臨界期

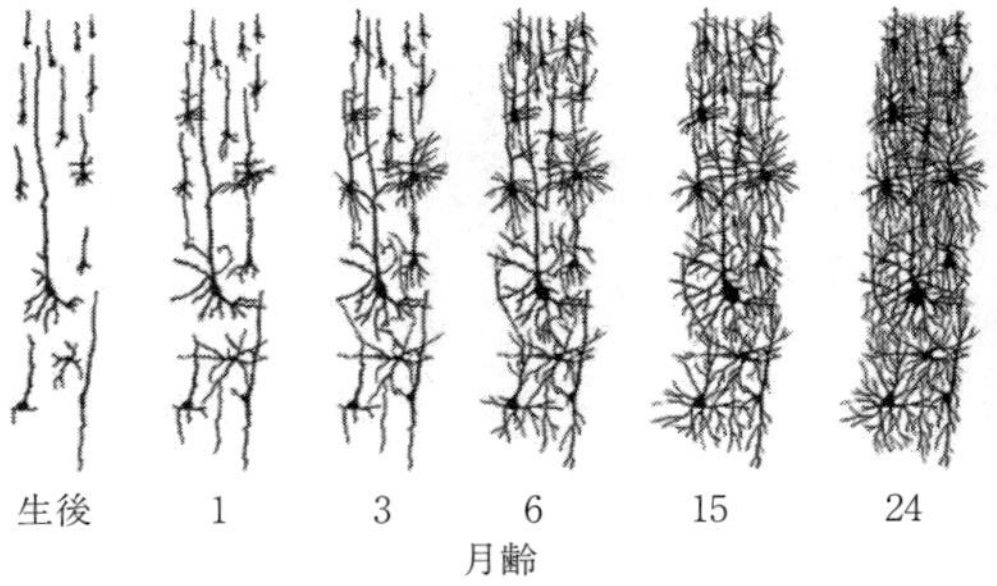

図 4-5　前頭前野のシナプス形成過程（Leisman et al., 2012）

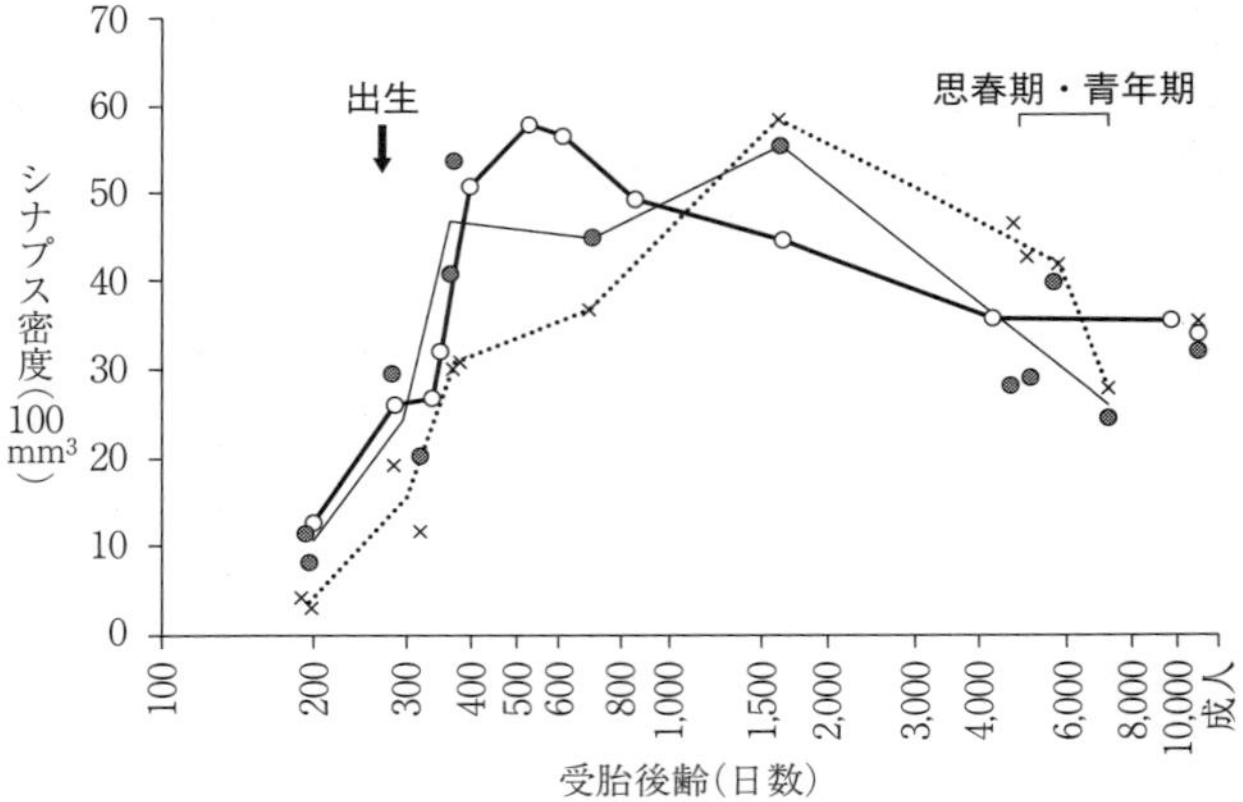

図 4-6　ヒトの第一次聴覚野（細実線）、第一次視覚野（太実線）、前頭前野（点線）におけるシナプス密度の発達的変化（死後脳からのデータ、Huttenlocher & Dadholkar, 1997 をもとに作成）

(critical period)」と言います。

発達初期の脳の臨界期については、視聴覚や音声言語発達などの領域で多く調べられてきました。初期の研究で有名な例としては、今から五〇年以上前に行われた、神経生理学者のウィーセルとヒューベル（一九八一年にノーベル生理学・医学賞を受賞）のネコの視覚遮断実験が挙げられます。生まれて間もないネコの片目を眼帯などで一時的に遮蔽すると、刺激に対する反応が失われ、開いていたほうの目だけが機能するようになりました。また、こうしたことは、生後のある一定の時期にのみ起こることもわかりました。

その後の研究で、他の哺乳類やヒトの脳の発達においても臨界期が存在すること、視覚野だけでなく、ほかの脳領域でも発達の臨界期があることが報告されています。代表的な例は、音声言語の獲得でしょう。大人になってから第二外国語を習得しようとしても、母国語には存在しない発音、たとえば英語でいうと「r」と「l」の発音を聞き分けることはそう容易ではありません。それに比べて、乳幼児は聞こえてくる音を真似しながら、驚くほど簡単に母国語以外の言語を習得していきます。その様子を見ると、彼らの脳は臨界期の真っただ中にあることを実感します。

視覚野の臨界期に関係すると思われる、おもしろい研究も紹介しておきたいと思います。

図 4-7　パスカリスら（2002）の実験で用いられたヒトの顔写真（上）とサルの顔写真（下）。サルの顔の違いがわかるだろうか？（Pascalis, de Haan, & Nelson, 2002）

生後六ヵ月の乳児と成人を対象とした行動実験です。初めに、ヒトの顔写真を成人と乳児に見せます。その写真に見慣れたところで、まだ見せていない顔写真と対にして提示します。そして、どちらの顔写真を長く見つめたかを調べました。この実験のすばらしいところは、サルの顔写真も使って調べてみたことです（図4-7）。実験の結果、成人も乳児も、ヒトの顔写真については見慣れない顔写真のほうを長く見たので、見慣れた顔と見慣れない顔を区別できることがわかりました。乳児が成人に匹敵するほどの記憶能力を持っていること自体驚きなのですが、さらに驚くべき結果が得られました。成人は、サルの顔をまったく区別できなかったのに、乳児はなんと、サルの顔写真についても見慣れない顔がどちらであるかを区別できたのです。

なぜこのようなことが起こるのでしょうか。

見慣れた顔の数が、数種類、数十種類程度であれば、顔を個別に記憶しておくことも可能かもしれません。しかし、生後経験する他者の顔の特徴をそれぞれ個別に覚えていくやり方には限界があります。それを説明できるのが「プロトタイプ仮説」と呼ばれる考え方です。特徴的な顔だちはなんとなく印象が残りやすいですし、見慣れた人種の顔は区別しやすく、なじみのない人種ではそれぞれの顔の違いがよくわからない気がしませんか。日常的に経験する顔を平均化して記憶していくことで、ヒトは顔の「プロトタイプ（prototype＝原型・模範）」というものを作り上げていくと考えられています。例えば、日本で育つと日本人的な特徴をもつ顔にさらされる経験が多くなるので、その特徴に偏ったプロトタイプ顔が形成されます。いったんプロトタイプ顔が形成されると、初めて見た人の顔はそのプロトタイプに当てはめて処理されます。他の人種の顔の区別がつきにくいと感じるのは、日常的な顔経験に基づいて形成されたプロトタイプ顔を基準としても、他人種の顔の特徴の違いが見出しにくいからと解釈できます。

先ほどの実験に戻りましょう。なぜ成人はサルの個別の顔の区別ができなかったのか、なぜ生後六カ月の乳児はヒトだけでなく、サルの個別の顔までも区別できたのか、もうおわかりですね。ヒトの顔に基づくプロトタイプを基準とした情報処理を行う成人では、そこから逸脱したサルの顔の個々の差異に気づくことは難しいのですが、ヒトの顔のプロトタイプをいまだ形成途中の乳児では、それぞれの顔に含まれる細かな特徴をそっくりそのまま覚えていく記憶方略をとっていると考えられます。

この実験には続きがあります。生後九カ月になると、乳児はもはやサルの個別の顔を区別することができなくなりました。サルとは異なる、ヒトらしい顔のプロトタイプの形成は、生後九カ月目に完成の時期を迎えるとみられます。この現象も、視覚野のシナプス刈り込みが急激に進み始める生後八カ月ごろと見事に一致します。

ただし、最近の研究は、脳発達における臨界期は決して固定的ではない側面を強調しています。成熟した脳や臨界期を過ぎた時期の脳にも、ある程度の可塑性が残されていることがわかってきたからです。また、臨界期の開始と終了に関与する分子レベルのスイッチを操作することで、臨界期のタイミングを変化させたり、修復できる可能性までもが、動物実験によって示され始めています。

そこで本書でも、脳発達には可塑性が残されている立場をとりたいと思います。そのため、脳が発達する過程において環境の影響をとくに受けやすい時期を、臨界期ではなく「感受性期（sensitive period）」と呼ぶことにしましょう。

†思春期に特徴的な脳発達

不安障害や統合失調症などの精神疾患の多くは、性成熟の開始時期（思春期）から、心理、社会・経済的な依存状態から独立するまで（青年期）の特定の期間に集中して発症することがわかっています。その理由については諸説ありますが、もっとも考えられるのは、この時期にある脳部位の構造が大きく変化すること、つまり、脳の感受性期との関連です。

思春期の脳の感受性期について理解するために、まずは脳の構造（しくみ）と機能（はたらき）について基本的なことをおさえていきましょう。

脳と脊髄からなる中枢神経系は、「白質」と「灰白質」という組織に分けられます（図4－8）。白質にはニューロンの細胞体は少なく、おもに神経線維が集まり、走行しています。白質は文字どおり白っぽい色をしているのですが、それは「ミエリン（髄鞘）」と呼ばれる脂質のためです。ミエリンは、ニューロンの細胞体から伸びる長いワイヤー（軸

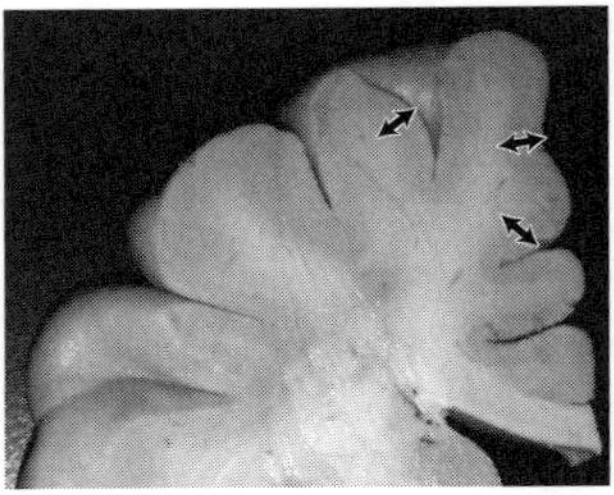

図4-8　矢印の範囲が大脳の灰白質。それより深層に位置する白っぽくみえる範囲が白質（脳科学事典「灰白質」https://bsd.neuroinf.jp/wiki/ より）

索）を覆って絶縁します。絶縁化が起こると軸索は発火後にすばやく元の状態に回復することができるので、信号の伝導速度は飛躍的に向上します。

　白質の体積とミエリン化は、生後から連続的に右肩上がりの発達を遂げます。思春期をへて二〇歳までには成人のレベルに達し、脳の領域間で大規模で複雑なネットワークが形成されます。また、それはどの脳部位でも同じように発達するのが特徴です（図４－９・左）。

　もうひとつの組織である灰白質は、ニューロンの細胞体が集まっている場所です。灰白質は大脳の表面層を占めています。ここで注目すべきは、灰白質は、白質とは異なる発達過程をたどる点です。おもしろいことに、灰白質の体積や厚み、シナプスの密度はある時期に増加し始め、その後ふたたび減少するという発達軌跡をたどります。つまり、「逆U字形」を描くように発達するのです（図４－９・右）。

　そのわかりやすい例が、前頭前野の発達です。前頭前野の灰白質の厚みは一一～一三歳

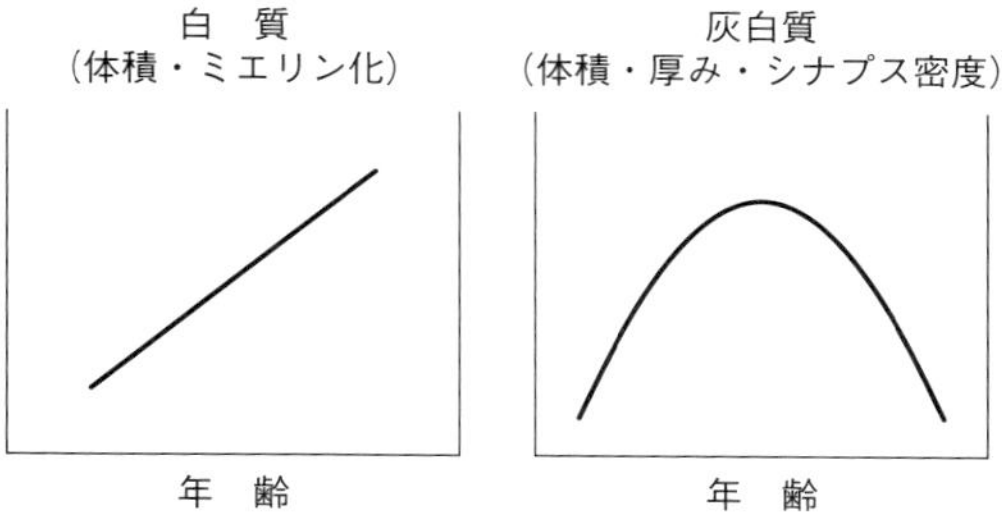

図 4-9　大脳構造の発達を示すイメージ図。白質は加齢に伴なって連続的、線形的に変化する（左）が、灰白質は逆Ｕ字型の非線形変化（右）を示す（Morita, Asada, & Naito, 2016 をもとに作成）

ごろに最大となりますが、それ以降は減少します。
また、前頭前野のシナプスは一～三歳にかけて急激に形成され、四歳あたりで密度はピークに達します。その後、生後の環境の影響を強く受けながら必要なシナプス結合は強められ、不要な結合は刈り込まれます。刈り込みは四歳過ぎからゆっくりと始まり、一四～一六歳ごろに急激に進みます。そして、それが完成するのは二五～三〇歳なのです。

シナプスの刈り込みが起こるということは、非効率だった脳がよりエネルギー効率よく高速の情報処理ができる脳へと変化していくことを意味します。

†「反抗する心」の謎

前頭前野の灰白質でみられるこうした逆Ｕ字形の発達は、心のはたらきの変化としても現れます。

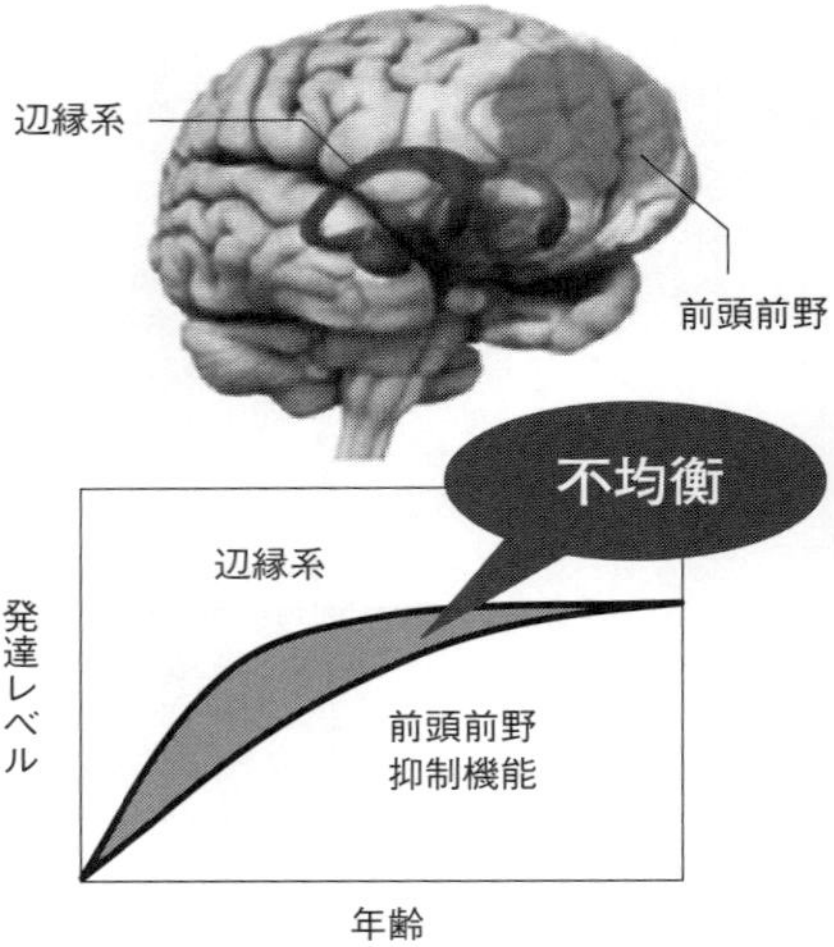

図4-10　辺縁系と前頭前野の発達的関係。両者の活動バランスの不均衡は10年以上も続く（Giedd, 2015をもとに作成）

「第一次（幼児期）反抗期」「第二次（思春期）反抗期」という言い方がありますが、これもこの時期特有の前頭前野の発達の特徴が関係しています。

まずは、第二次反抗期とも呼ばれる思春期の脳発達を例にとって説明しましょう。

図4－10を見てください。大脳辺縁系（以下、辺縁系）という脳部位があります。大脳皮質の奥のほうに位置しており、記憶を司る海馬や、恐怖や欲求、衝動などの情動に関わる扁桃体などが含まれます。辺縁系は感情系と報酬系の中枢で、自分の意思ではコントロールすることのできない感情、例えば衝動的な怒りや未知なものに対する好奇心、リスクを恐れない冒険心などを沸き立たせます。

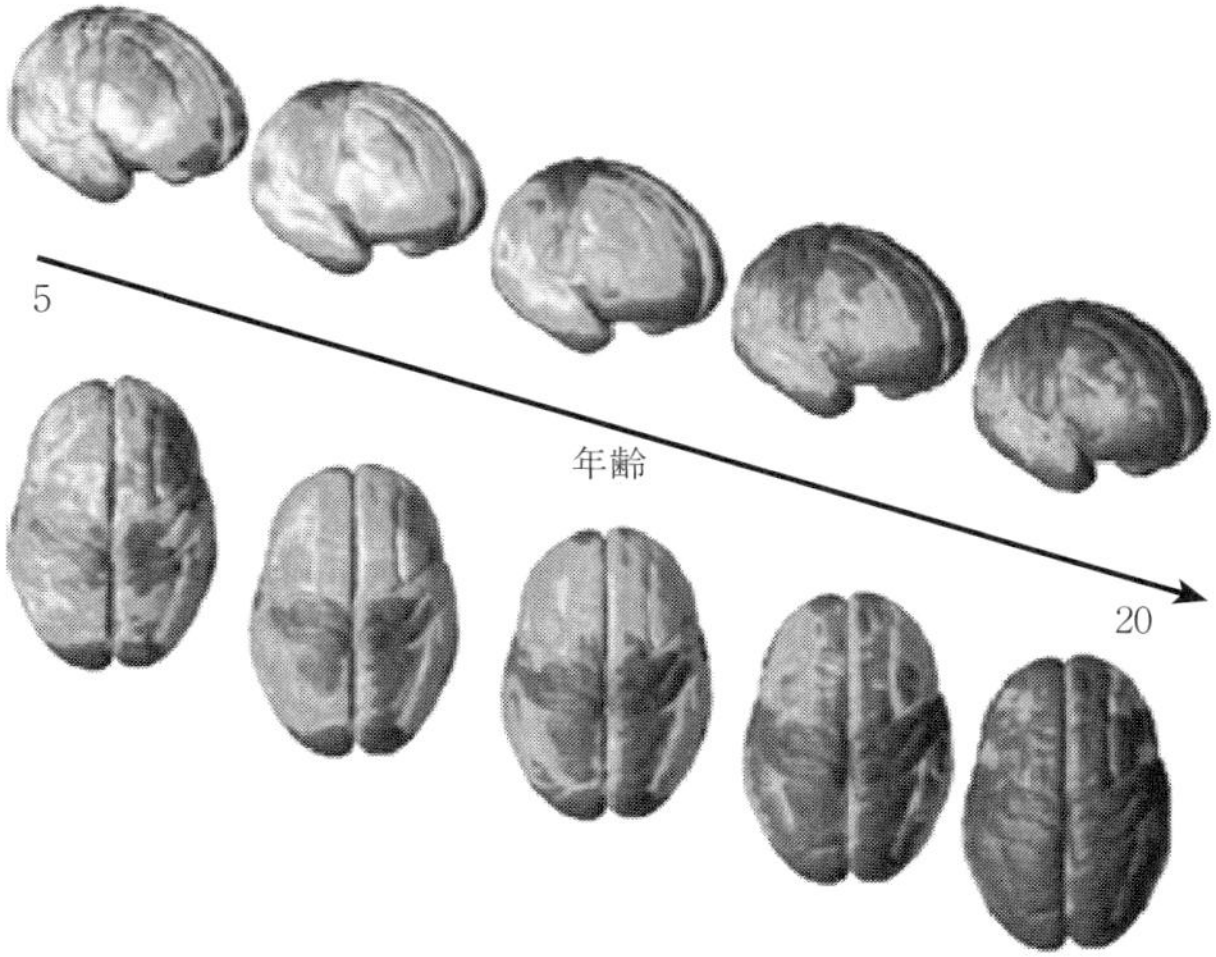

図 4-11　4～21 歳にかけてみられる灰白質の容積の相対的減少の変化。濃い色になればなるほど、灰白質の容積が減少していることを示す。容積の減少は、後頭～側頭～頭頂部の第一次感覚野から進み、前頭前野の減少は 20 歳になってもまだ続いている（Gogtay et al., 2004）

辺縁系は、ホルモンの影響を強く受けて発達します。思春期に起こる性ホルモンの高まりとともに辺縁系は急激に発達し、数年で完成します。それに対し、先に述べたように、大脳辺縁系の活動をトップダウン制御するはたらきをもつ前頭前野が完成するまでには、二五年というとても長い時間がかかります（図4－11）。一〇代から二〇代後半までの前頭前野は、いまだ発達途上の段階にあるのです。

前頭前野がいまだ未熟な時期に、辺縁系のほうはホルモンの影響を受けて活性化するというミスマッチが起こっている、それが思春期に特徴的な脳の発達です。辺縁系が駆り立てる強い衝動性や欲求、それを意識的に制御する前頭前野の成熟が不均衡となってしまう時期が、ヒトでは一〇年余りも続くことになります。

†ヒト特有の前頭前野のはたらき

話が少しそれますが、二五年以上もかけてヒトがゆっくりと発達させる前頭前野が関与する心のはたらきについて、もう少しお話ししたいと思います。この脳部位は、ヒトが独自にもつ心のはたらきと密接に関わっているからです。

私たちは、相手が笑っていたり、痛がっているようすを見ると、その人の心の状態がまるで我が事のように感じられます。しかし、それだけでは社会的なコミュニケーションをうまく進めることはできません。例えば、自身にとても嬉しいことがあっても、目の前にいる友人が悲しんでいるときには笑顔を抑制しようと思います。痛そうにしている相手に対して、何をしてあげるべきかを考えます。こうした心のはたらきは、自分と相手の心はそれぞれが独立したものであることを理解し、相手の心に視点を変換させてイメージする能力が必要です（図4－12）。

図 4-12 「視点変換」。ヒトは自分と相手の心はそれぞれが独立したものであり、相手の心に視点を変換させてイメージする能力を持っている

こうした能力は「メンタライジング（mentalizing）」と呼ばれています。そして、このメンタライジングの中心的役割を担っているのが前頭前野なのです（図4－13）。

自分の心と分離させて、他人の心を文脈に応じて推測できる脳を、ヒトは進化の過程で特異的に独自に獲得してきたと考えられています。種特有の前頭前野によってメンタライジングをはたらかせることのできるヒトは、独特の向社会的行動を見せます。その代表例が、利他行動

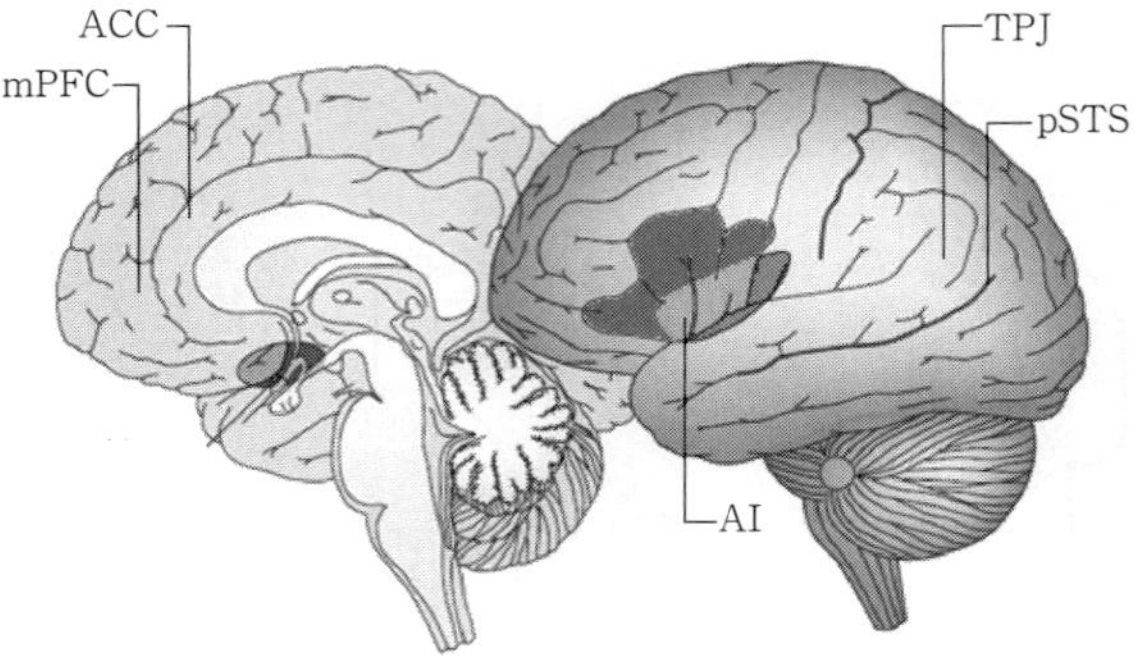

図 4-13　ヒトのメンタライジングネットワーク。ACC＝前帯状回、mPFC＝前頭前野内側部、TPJ＝側頭頭頂接合部、pSTS＝上側頭溝部（Blakemore, 2008）

のひとつである「教育（active teaching）」です。

子どもに教育的配慮、援助行動を行うのはヒトだけではありません。野生のチータや飼い猫などの母親は、子どもに餌をやるだけでなく、子どもが餌を捕獲するスキルの上達にあわせて獲物を弱らせ、学習の機会を与えます。しかし、ヒト以外の動物の教育は、食物を得る場面に限られていて、さまざまな目的を想定して行われるヒトの教育とはずいぶん異なります。さらに、ヒトはメンタライジングをはたらかせることで、学習者の心の状態を考慮しながら相手の立場にたって適切な方法を選択し、教育するのです。

ヒトがみせるような積極的な教育、協力行動は、チンパンジーでもほとんど行うことはありません。チンパンジーの母親は、子どもに物を

図 4-14　チンパンジーの子どもは母親の行為を観察し、自身で試行錯誤を繰り返しながら学習する。母親が子どもの手を取って教えることはない
（［左］野生環境、［右］飼育環境、明和、2006）

わざわざ見せたり、持たせてみたりはしません。いざという時には体を張って子どもを守ろうとするので、決して無関心なわけではありません。ただ、子どものやろうとすることを褒めもせず、叱りもせず、ただじっと見守るのがチンパンジー流の子育てです。チンパンジーの子どもは、自らがさまざまに経験する機会を自由に与えられます。仲間のようすをじっと観察し、自分自身による経験を豊かに蓄積しながら、チンパンジーはチンパンジー独自の心を発達させていくのです（図4-14）。

†トレード・オフ

ヒトの脳の発達は、生物としてはきわめて特異的です。ヒトは他の霊長類に比べて、思春期から青年期にあたる期間が圧倒的に長いのです。ゆっくりと時間をかけて前頭前野を成熟させることで脳の可塑性が高い期間をできるだけ

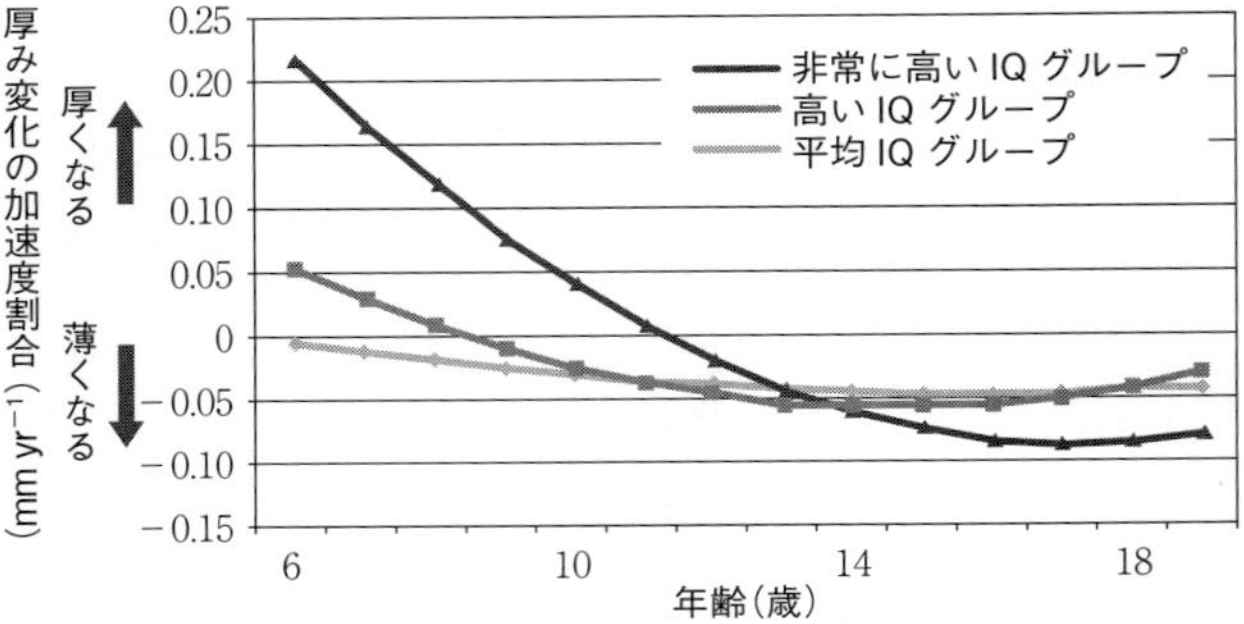

図 4-15　大脳皮質の成熟のスピードは IQ の高さと関連する。ここでは、非常に高い IQ グループの IQ は 121-149、高い IQ グループの IQ は 109-120、平均の IQ グループの IQ は 83-108 と分類している。Y 軸のプラスの値は厚みが増していくこと、マイナスの値は厚みが薄くなっていくこと、0 値は厚みがピークに達したことを示している（Shaw et al., 2006 をもとに作成）

長く維持する。こうした生存戦略によって、ヒトは柔軟に環境に適応しながら進化してきました。

これに関連して、とても興味深い研究が報告されています。三〇〇名以上のアメリカの子どもたちの知能指数（ＩＱ）と彼らの脳の発達との関連を、七歳から一九歳にかけて調べた大規模調査です。何と、知能指数が高い子ほど大脳皮質、とくに前頭前野の成熟がゆっくり進む、つまり脳の可塑性が保たれている時期が長いことがわかったのです（図4−15）。

しかし、脳が完成するまでにかなりの時間をかけるという生存戦略は、良いことばかりでもなさそうです。こうしたヒトの脳の発達のしくみは、前頭前野の成熟と辺縁系とのネットワーク形成が進む一〇代に、神経疾患がとくに引き起こされやすいという脆弱性にも関連しているからです。

きわめて異質な環境の例ではありますが、被虐待経験によって前頭前野の構造上のダメージがもっとも大きくなるのは、前頭前野の発達の感受性期にあたる一四〜一六歳に虐待を受けたケースであるそうです。

思春期から青年期にかけての脳や心に何が起こっているかを正しく理解することは、社会において期待される彼らの役割、そして成人の定義を再考することにもつながるでしょう。日本では、成年の年齢を一八歳に引き下げる「民法の一部を改正する法律」が二〇二二年四月一日から施行されることがすでに決まっています。これを、ヒトの脳の発達と照らし合わせてみるとどのように受け止めるべきでしょうか。

お酒やたばこ、競馬、競輪などの公営競技に関する年齢制限は二〇歳のまま維持されるようですが、少年法の適用年齢、選挙権や運転免許取得の時期などの問題も含め、科学的知見を重視した議論が不可欠だと思います。

†「イヤイヤ期」の脳に起こっていること

こうした脳発達のしくみは、思春期ほど劇的ではありませんが、第一次反抗期を迎える幼児にも当てはまります。

「イヤイヤ期」とも称されますが、子どもに何を言っても、どうなだめても「イヤ!」としか言わない、我慢できないなど、感情をコントロールさせるのが難しい時期です。子育て中の親御さんにとっては、ストレスが高まるしんどい時期ですね。イヤイヤ期は、通常二歳前後から始まると言われていますが、多くの親御さんが「少しイヤイヤがおさまってきたかな」という声を耳にするのは、四歳すぎあたりではないでしょうか。順番を待てる、小さい子に優しくできる。何年か時間はかかりますが、こうしたことができるようになっていきます。これは、前頭前野の発達が進んできたサインなのです。先述のとおり、この時期、前頭前野のシナプスの刈り込みが始まります。前頭前野の成熟が進むことによって、辺縁系の活動がもたらす衝動的な欲求を少しずつ抑えることができるようになってきたのです。

「マシュマロ・テスト」と呼ばれる有名な心理実験があります。スタンフォード大学の心理学者、ウォルター・ミシェルらにより、一九六〇年代後半から七〇年代前半にかけて幼児期の子どもたち六〇〇名以上を対象に行われた実験です。マシュマロ・テストと呼ばれてはいますが、実際の実験ではマシュマロの代わりにクッキーやプレッツェルが使われることもあります。

実験では、子どもは実験者とともに机と椅子だけがある部屋に入り、椅子に座るよう促されます。机の上には皿があって、マシュマロがひとつのっています。実験者は、子どもにこう伝えます。「私は用事があって、これから少し部屋の外に出ます。このマシュマロはあなたにあげるものですが、私が戻ってくるまでの一五分間、食べるのを我慢できたらマシュマロをもうひとつあげます。私がいない間にそれを食べたら、ふたつめはもらえません」。

その後、実験者は部屋から出ていきます。その間の子どもの行動は、部屋に隠されたカメラですべて記録されています。予想通り、ひとり部屋に残された子どもはそわそわし始めます。机を蹴ったり、叩いたり、マシュマロをつつき、匂いを嗅いだりします。目をふさぐ、椅子を後ろ向きにするなどして、マシュマロを頑張って見ないようにする子どももいます。彼らの気持ちは痛いほどわかりますね。子どもたちは、いろんな方法を試しなが

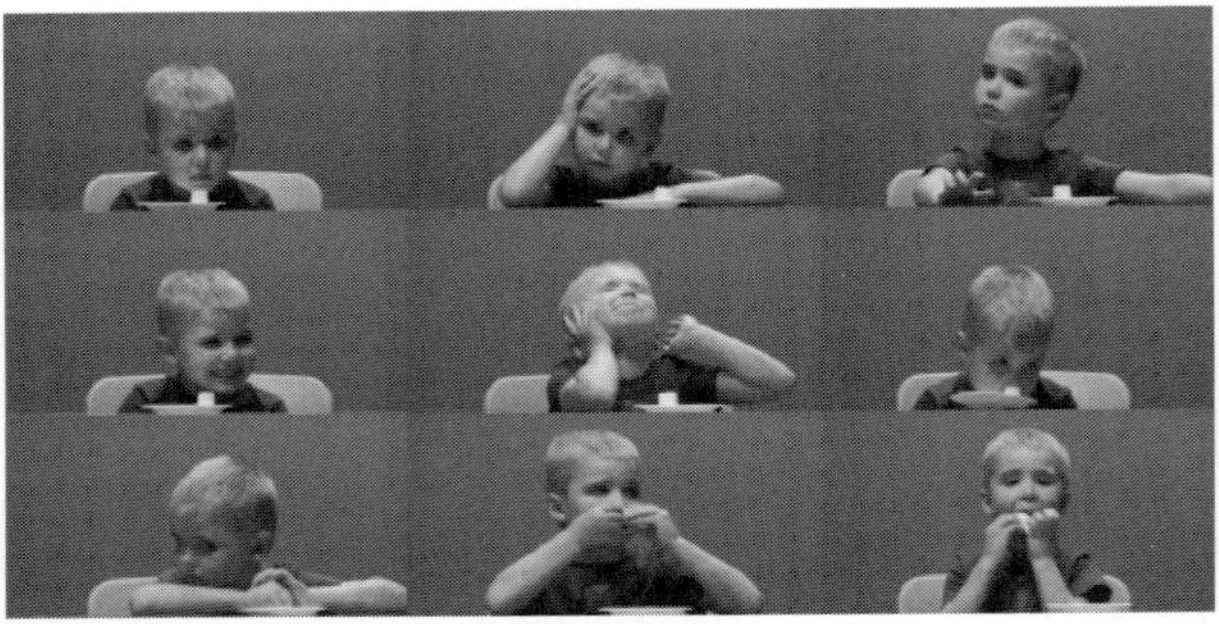

図 4-16　子どもたちはいろんな方法でマシュマロを食べたいという衝動を抑えようとする（Is It Really Self-control: A Critical Analysis of the “Marshmallow Test”, 2013, https://spsptalks.wordpress.com/2013/11/10/is-it-really-self-control-a-critical-analysis-of-the-marshmallow-test/）

ら、マシュマロを食べてしまいたい衝動と戦います（図 4-16）。

マシュマロ・テストが多く行われてきた四歳児では、すぐ手を出してマシュマロを食べた子どもは少ないものの、最後まで我慢して二個目を手に入れた子どもは全体の三分の一ほどだそうです。

こうした選択の個人差がみられる背景には、やはり、辺縁系の活動を抑制する前頭前野の発達の個人差が関連しているようです。前頭前野の発達が進むことで、辺縁系の活動がもたらす衝動は抑制され、がまんすることができる、あるいはがまんするために何をしたらよいかをイメージする（マシュマロを見ないようにする、他のことを考える）ことができると考えられます。

順番を待ってからブランコに乗ることができる、弟や妹にお気に入りのおもちゃを貸してあげることができる、こうしたことは、子どもたちの脳内に大きな変化が起こっている証拠です。イヤイヤ期もそろそろ卒業の時期を迎えるでしょう。

ところで、マシュマロ・テストには続きがあります。幼児期以降も彼らの発達を追跡調査したところ、すぐにマシュマロを食べてしまった子どもに比べて、待つことができた子どもは、成人になった時点での学力・健康状態・経済状態が良好だというのです。幼児期のがまんできる力（自制心）が、その子の将来を予測するかもしれない。この結果は、社会に大きな衝撃を与えました。実際、最近発表された一〇〇〇人規模の調査では、五～一〇歳くらいの子ども期の自制心の強さが、成人になってからの健康や学力、経済力の高さと関連することが示されています（図4－17）。

しかし、これらの結果に疑問を呈する報告もあります。成人になってからの学力・健康・経済状態は、子どもの時期に育った家庭の経済状態や親の社会的地位による影響のほうが大きいようです。

思春期に特徴的な心の複雑さと同様、幼児期に起こるイヤイヤ行動は、前頭前野の第一の感受性期に起こる生命現象です。その時期の子どもたちを取り巻く環境は、前頭前野の

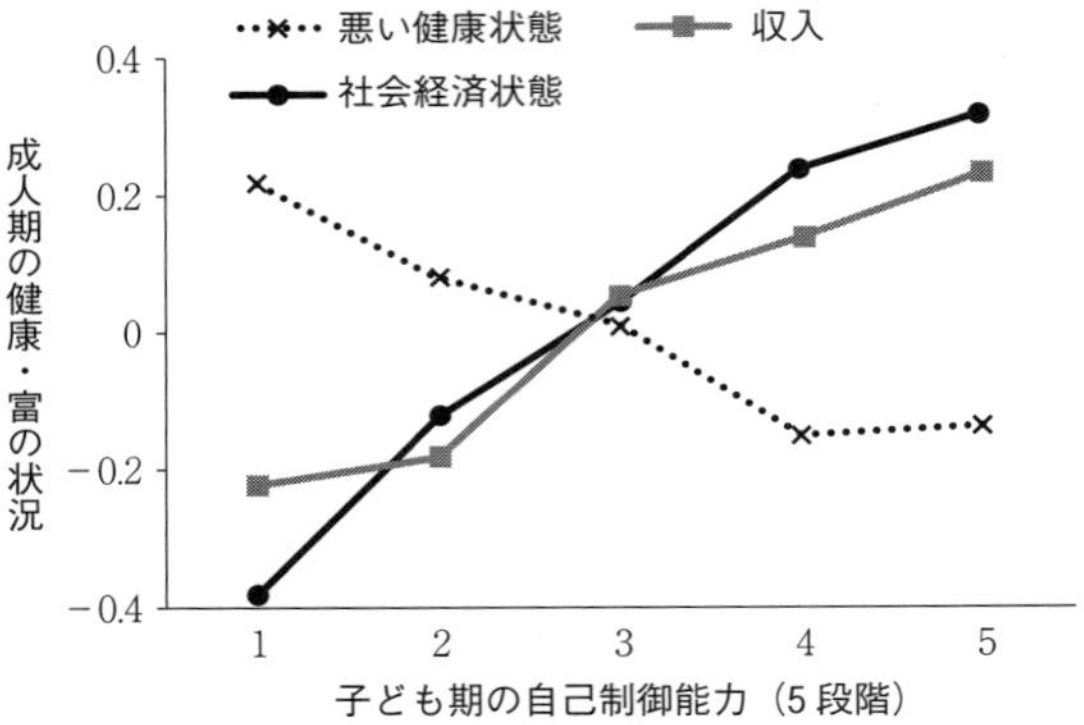

図4-17　10歳くらいまでのがまんする力は、将来の健康や経済力を予測する。1〜5段階で子ども期の自己制御能力を評価、5がもっとも高い（Moffitt et al, 2011をもとに作成）

発達に影響しやすい、言いかえるとダメージを与えやすい時期でもあるため、周囲の大人の接し方がとても大切となります。そのためには、困っている親に「見守りましょう」とただ諭すだけではなく、この時期の子どもたちの脳に何が起こっているのか、なぜ心が変化するのかを正しく理解してもらうことが必要です。

多くの子どもたちが一時期みせる反抗的な態度は、親御さんの育て方のせいではないのです。

†早期の脳の感受性期は後の発達に影響する

ヒトの脳と心の発達の二つの本質――「連続性」と「多様性」は、さらに重要な点を示

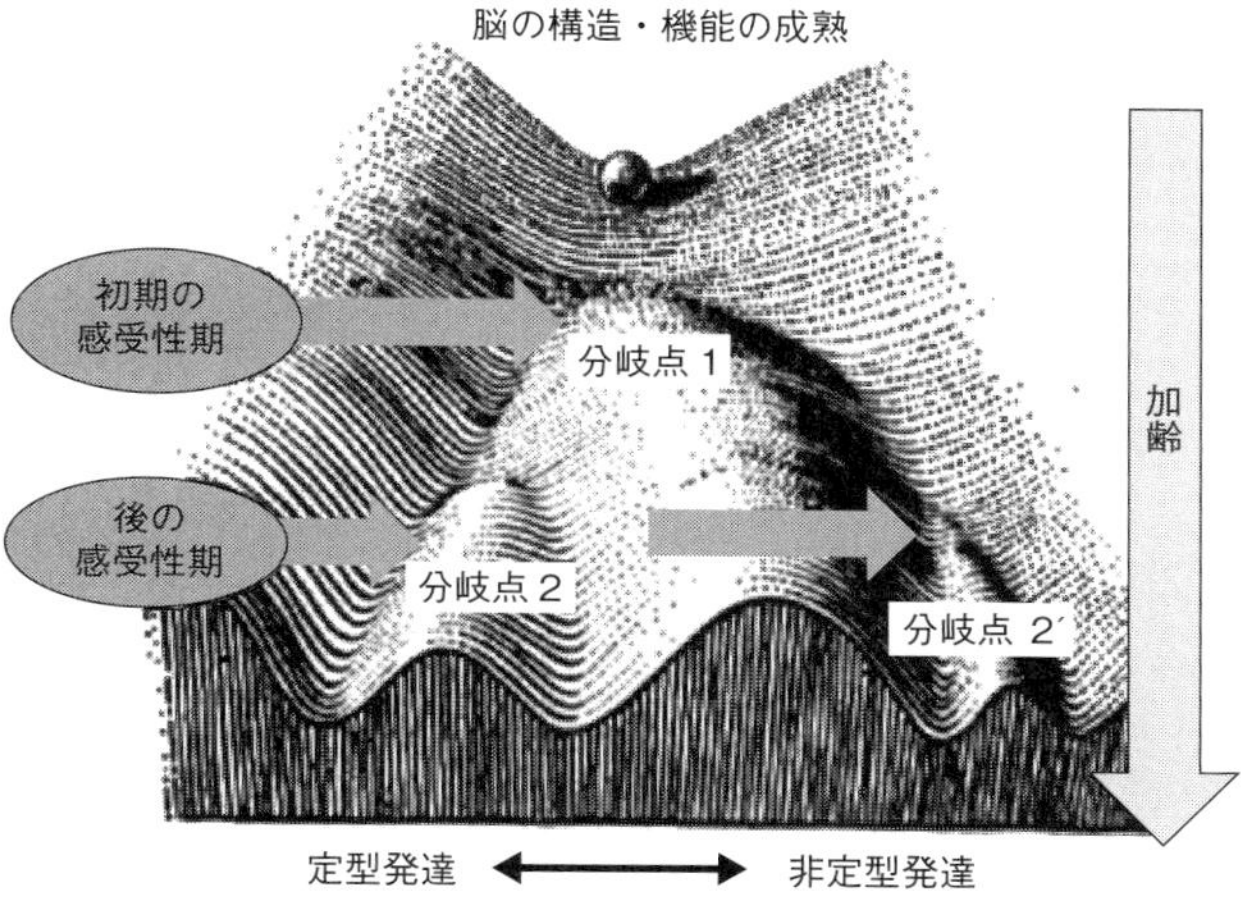

図 4-18　ワディントンによる「エピジェネティック・ランドスケープ」をもとに筆者が描いたイメージ図。脳発達において環境の影響を受けやすい時期（分岐点）がある。ここでは便宜的に左側を定型、右側を非定型発達とする。初期の感受性期の結果は、次の感受性期に影響していく

唆します。それは、思春期以降の脳発達は、それ以前の脳の感受性期の影響を受けるということです。このことは、ラットやマウス、サルなどの動物実験によって、その因果関係はすでに証明されていますし、ヒトでもその関係を支持する報告が多くあります。ここに、ヒトの脳と心の発達の多様性が生み出される鍵が隠れているのです。

図4-18は、ワディントンというイギリスの発生生物学者（一九〇五～七五）が描いた細胞分裂と発生のイメージ（エピジェネティック・ランドスケープ）に、私が

手を加えたものです。

ワディントンは、受精卵を斜面から転がり落ちるボールにたとえて、正常な発生の過程で受精卵は決して元の状態に戻ることはなく、またほかの細胞に転換することもないという見方をこの図で表したのですが、私はそのイメージをお借りして、発達初期の脳の感受性期における経験が、後の感受性期に与える影響を示したいと思います。

斜面（環境）と相互作用しながら安定する方向へと転がり落ちていくボール（脳の構造と機能の発達）は、まず、最初の分岐点（初期の感受性期）にさしかかります。環境の影響しだいで進むべきコースが決まる分岐点です。この時点で、もし強い風が左側から吹けば、ボールは右側のコースへと転がりやすくなります。右側から風が吹けば、左側のコースへと転がりやすくなるでしょう。ここで、便宜的に左から風が吹くことを「不適切」な環境経験とみなすと、脳は右の方向（非定型）に向かって発達しやすくなります。そして、この時点でボールが右方向に転がってしまうと、その後に左側のコースに近づけることは難しくなります。また、最初の分岐点でたまたま左からの風が吹かなかったとしても、続く分岐点（後の感受性期）にさしかかったときに左から風が吹くと、ボールは右方向に偏って転がっていくことになります。このように、脳の感受性期には環境の影響を受けやすく、

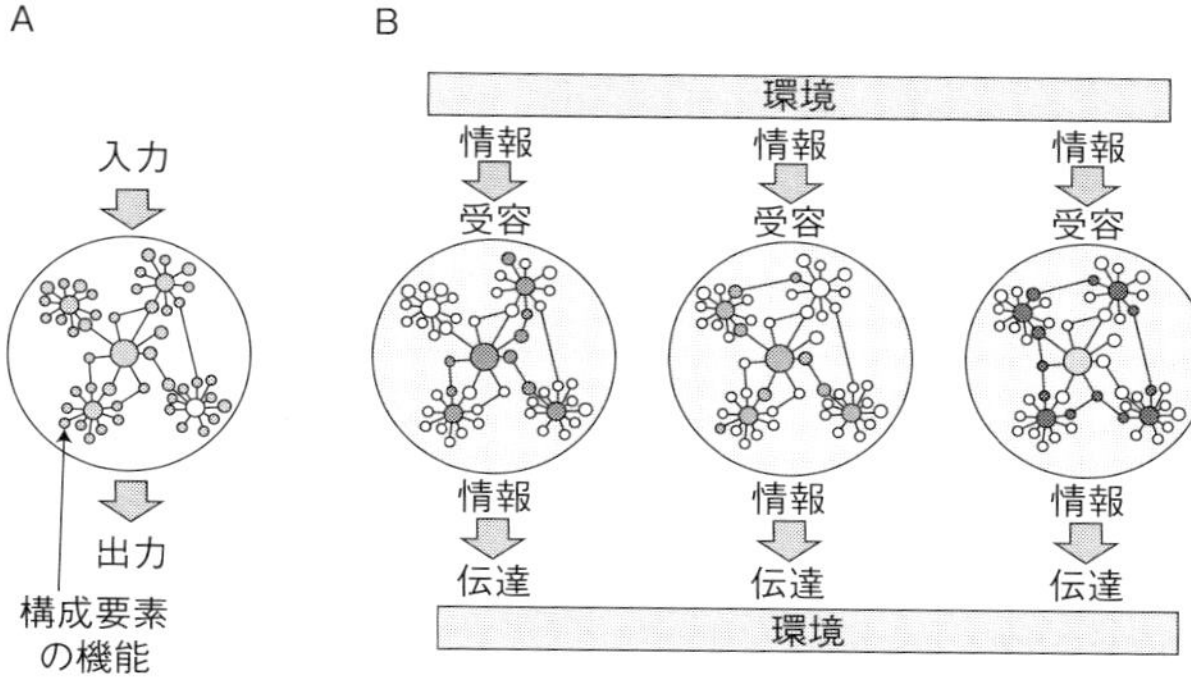

図4-19 (A)環境からの情報入力が身体のもつ固定化されたシステムによって処理されるという考え方(閉鎖モデル)(B)身体と環境の相互作用は、構成要素の機能だけではなく、その後の相互作用が起こるシステムそのものも変えていくという考え方(開放系モデル)(桜田、2016)(B)の発達の捉え方によって、ヒトの脳と心の連続性と多様性が説明できる

それは後の脳発達に直接的に影響していくのです。

繰り返し述べてきましたが、身体はつねに変動する環境と相互作用を繰り返すことで、脳と心を発達させていきます。発達の本質のひとつである多様性について、ここで強調しておきたいのは、発達初期の感受性期にある環境の影響を受けて脳のシステムが変化したとすると、今度はそのシステムと環境との間で起こる相互作用のしくみ自体がさらに変化していく点です。つまり、発達とは、「環境情報の入力→脳内システムで処理→出力」という一方向的な関係(閉鎖系)として固定的に進んでいくものではなく、時間軸にそって、情報を処理する脳内システムそのものが環境の影響を受け続けながら、動的、可塑的に変化していく（開放系）生命現象なのです（図4－19）。

ヒトの脳と心の発達は、連続的なものであり、そしてその連続性が多様性をもたらす、これが意味するところをおわかりいただけたでしょうか。

▼ポイント

（1）心にまつわる様々な問題は、ある特定の時期に集中して起こる

（2）脳が発達する過程で、環境の影響をとくに受けやすい時期がある（脳発達の「感受性期」）

（3）ヒトの前頭前野は、二五年以上かけてゆっくりと発達する

（4）早期の脳の感受性期は、後の発達に影響する（多様性の拡大）

第五章

発達の本質が崩れるとどうなるのか?

ここまで、ヒトの脳と心の発達の本質を示す二つのキーワード、「連続性」と「多様性」が持つ意味について見てきました。これらの本質にそって身体と環境が相互作用していく中で、脳が環境の影響を受けて変化しやすい特別の時期（脳の感受性期）があることを理解しておくことは、健全な脳と心の発達を支援する上で必須です。

では、そうした重要な時期に不適切な環境を経験して育ち、発達の本質が崩れてしまったとき、具体的にどのような影響が生じるのでしょうか。

この章では、二つの事例を取り上げてその問題に迫ります。ひとつめは、親からの不適切な養育を経験した子どもたちの事例、もうひとつは、本来は子宮環境で育つべき時期にやむなき事情により胎外で育つ早産児の脳と心の発達についてです。とくに早産児の事例は、私たちの研究グループが一〇年以上かけて取り組んできた内容です。これまで得られている最新の研究成果を紹介します。

†発達初期の養育経験と後の発達

初期の脳の感受性期に受けた身体─環境の相互作用経験は、後の発達を左右する。これは、ネズミなどのげっ歯類をはじめとする動物実験で数多く実証されています。

例えば、母親によく世話をされた（毛づくろいを多く受けた）げっ歯類は、成長した後、自身も子どもの世話をよくする母親になります。反対に、母親から引き離された子どもは、親となったときに養育行動をうまく行うことができません。母親と父親がともに養育に関わるカリフォルニアマウスでは、子どもの世話をほとんどしない父親に育てられると、自分が親になったときに子どもに対して毛づくろいや身体接触をあまり行わないそうです。また、産みの親ではなく、子どもの世話をよくする、あるいはほとんどしない育ての父親に育てられた子どもは、自身が受けた経験と類似した子育てを行うという報告もあります。

これらは、発達初期の社会的経験が、脳内の遺伝子発現を後成的に制御することによって（遺伝子そのものは変化することなくエピジェネティックに）、後に適切な養育行動を行えるかどうかが左右されると解釈されています。

また、世界的に増加の一途をたどる発達障害の問題も、この見方と関わりがあることが指摘されています。発達障害と診断された子どもの数は、この二〇年で三〇％以上も増加しています。これは、発達障害関連遺伝子の存在だけからは説明がつきません。

前章で述べた脳の感受性期、シナプスの刈り込みがとくに起こりやすい時期のことを思い出してください。図5-1は、自閉スペクトラム症者（ASD）、統合失調症者、そし

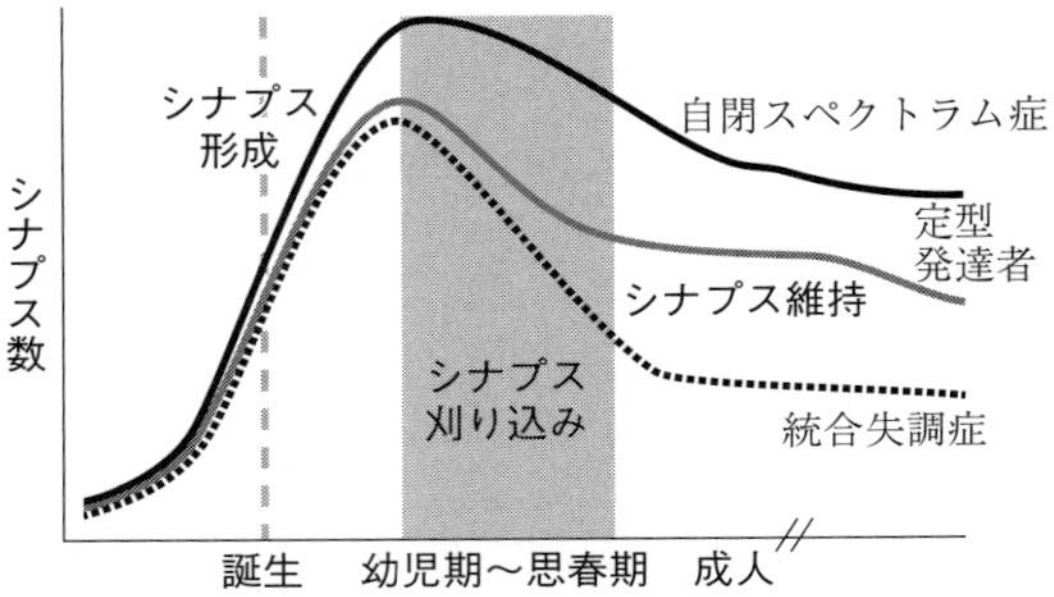

図5-1　自閉スペクトラム症者（黒線）、統合失調症者（点線）、および定型発達者（グレー線）の大脳皮質のシナプス数の発達変化
（Penzes et al., 渡邉・上阪・狩野、2016をもとに作成）

て定型発達者それぞれにみる大脳皮質のシナプス数の発達変化をイメージとして表したものです。自閉スペクトラム症者の脳では、胎児期からシナプス密度が一貫して高いこと、また、シナプスの過剰形成と刈り込みが進む発達のしかたが異質であることが指摘されています。他方、統合失調症者の脳では、幼児期から思春期にかけてシナプス密度が低く、その後は過剰なシナプス刈り込みが起こると考えられています。環境の影響を強く受けやすい脳の感受性期にこうしたことが起こりやすいことは、遺伝子変異ではなく、エピジェネティクスによって引き起こされる現象として説明できる可能性が高いのです。

げっ歯類を対象とした動物実験ではありますが、幼少期の異質な環境、たとえば視聴覚メディアの曝露による過度な感覚経験が、後に異質な行動特性（注意欠如・多動症 ADHD）を引き起こすことも実証され始めています。デジタル化社会が進み、パソコンやスマートフォンなどに接する機会がどんどん増えている現代の子どもたちに、その結果を重ね合わせずにはいられません。

†不適切な養育環境と脳の発達

また、たいへん辛い例ですが、幼少期に経験した不適切な養育経験（暴言や身体的虐待、ネグレクト、親の精神疾患、厳格な体罰など）が、その後の脳と心の発達に影響を与える、とくに、思春期に達したときに精神的側面の問題として顕在化しやすいこともわかっています。

なぜこのようなことが起こるのでしょうか。この点については、ヒトを対象とした研究を直接行うことの難しさもあり、ほとんど解明されていませんでした。しかし、この一〇年ほどでいくつかわかってきたことがあります。

動物実験とは異なり、ヒトを劣悪な環境で育て、その経験が後の脳や行動発達にどのような影響を与えるかを直接調べることはできません。そこで採られてきた方法は、今起こっている脳と心の問題を、個人の歴史をさかのぼって関係づけてみることです。

福井大学の友田明美博士を中心とする研究グループは、幼少期に身体的、精神的、性的虐待やネグレクトを受けて育った方、アタッチメント形成を十分に行えずに育った方たちの脳の構造や機能にどのような特徴がみられるかを精力的に調べておられます。辛い過去と正面から向き合い、こうした基礎研究に協力してくださる当事者がいらっしゃるのです。発達研究者として、そしてひとりの子育て中の親として、彼らに敬意を表さずにはいられません。

苦しい幼少期を経験して育った方の脳を調べてみると、不適切な養育を経験した年齢によって、ダメージが大きくみられる脳部位が異なっていました。それは、それぞれの脳部位の発達の感受性期にある不適切な経験にさらされると、その部位がとくにダメージを受けやすいことを意味しています。

図5-2は、ストレスの影響をとくに受けやすい脳部位を簡略化して示したものです。「海馬」は第四章で紹介した、大脳辺縁系の一部です。その細長い形がタツノオトシゴ（別名、海馬）そっくりであることからその名がつけられました。海馬は、両耳の奥まった場所に左右一対をなして位置していて、記憶の生成や保持、空間学習能力などに関与しま

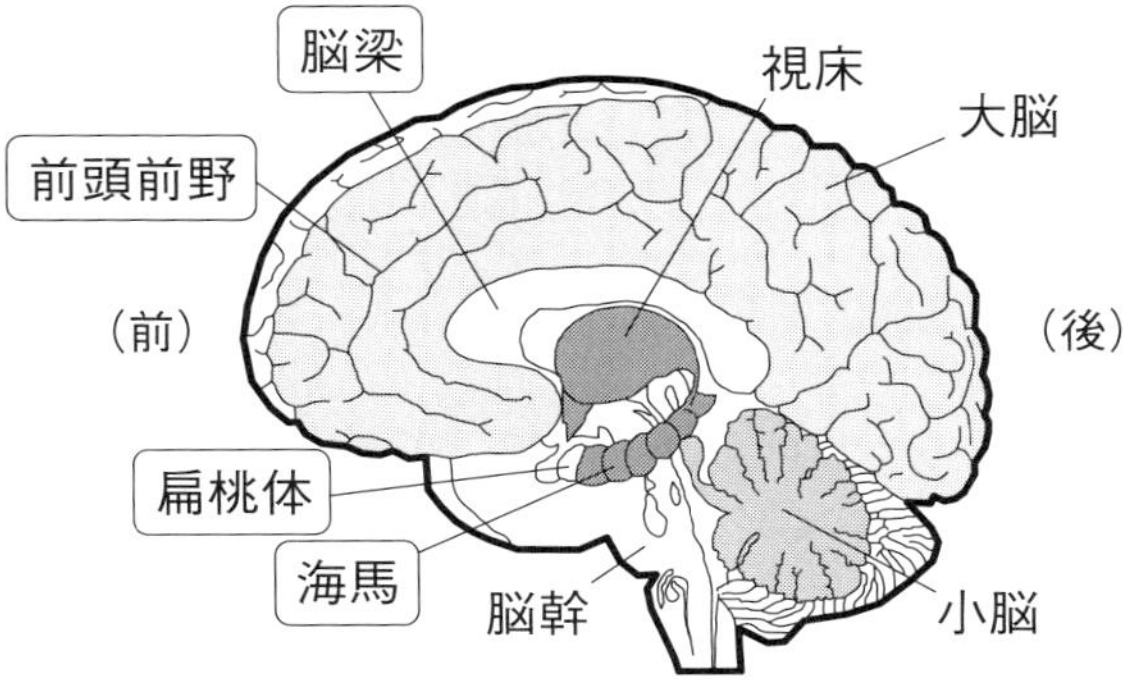

図5-2　ストレスによってダメージを受けやすい脳部位

す。「扁桃体」はすでに説明しましたが、こちらも側頭葉の内側の奥に左右一対としてある器官で、やはり辺縁系の一部です。情動刺激に対する反応や学習、記憶の調整などに関与します。「脳梁《のうりょう》」は、大脳の左右半球をつなぐ繊維の束です。左右の大脳皮質の間で情報をやり取りする経路となっています。

これらの知識をふまえて、図5-3をご覧ください。これは、性的虐待を経験した方たちの三つの脳部位、海馬、脳梁、前頭前野の容積それぞれの萎縮の変化割合と、虐待を受けた時期（年齢）との関係を示しています。これを見ると、記憶や学習に関わる海馬がもっともダメージを受けるのは、性的虐待を三～五歳の時期に受けた場合であることがわかります。また、脳梁が大きく萎縮していたのは、九～一〇歳の時期に虐待を受けた方たちでした。さらに、思考や推論、行動抑制に関わる前頭前野は、一四〜一六歳の時期に虐待を受けると大きく萎縮していたのです。これらは、それぞれの脳部位の感受性期と一致します。環境の影響を受けやすい感受性期に不適切な経験にさらされると、その脳部位が大きなダメージを受けてしまうのです。

ここで紹介した例は性的虐待に関するデータですが、この他、例えば暴言による虐待や

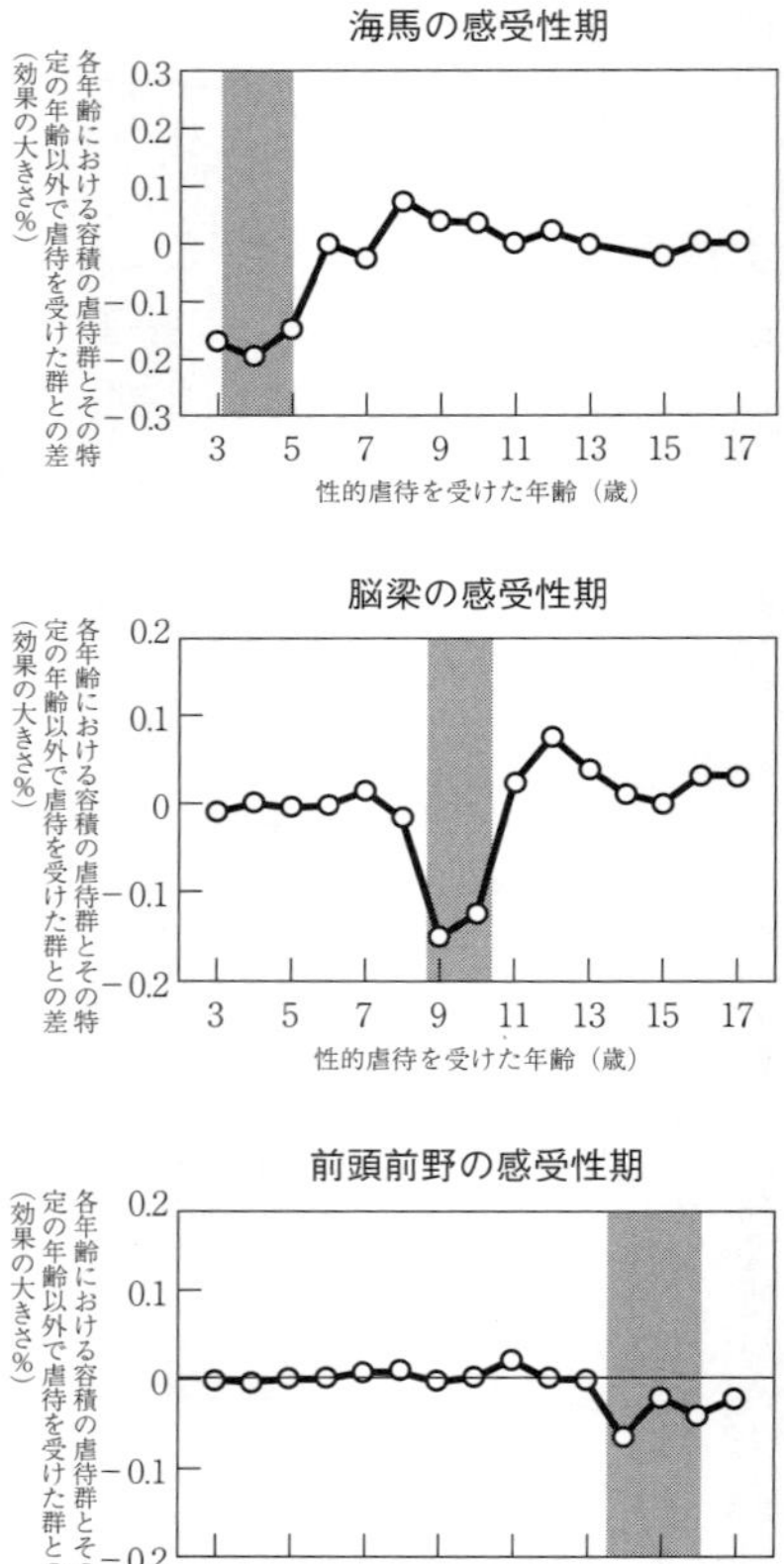

図 5-3　性的虐待を受けた年齢とそれぞれの脳部位の容積の萎縮割合の関係（提供：友田明美）

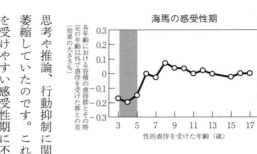

幼少期に両親のDVを長時間目撃して育った方たちの脳でも同じことが言えます。そうした苦しい経験をした時期と、それぞれの脳部位の異質性の大きさとの関連が明らかにされています。

†アタッチメント形成がうまくいかないと

第三章で取り上げたアタッチメントも、後の脳と心の発達にきわめて重要な役割を果たします。乳児期に養育者とのアタッチメント形成がうまくいかないと、成長してからどのような影響が現れるのでしょうか。

これも友田博士たちの研究チームにより行われた研究ですが、アタッチメント障害と診断された一〇〜一五歳の脳の容積を、定型発達を遂げている子どものそれと比較してみると、障害を抱えた子どもでは、左半球の一次視覚野の容積が二〇％以上も減少していたといいます。視覚野の感受性期に受けた不適切な環境経験が、このような形で現れていると解釈されています。

また、脳内に喜びや快楽、心地よさを喚起させる報酬系活動を司る部位のひとつである線条体の活動が弱いことも示されています。線条体は、大脳皮質と視床、脳幹を結びつけている大脳基底核と呼ばれる神経核の集まりの一部です（図5－2参照）。この部位の活動が弱いと、何か報酬を得ても喜びや心地よさを感じにくくなってしまいます。アタッチメントが適切に形成されずに育った子どもたちは、薬物をはじめとする依存症に陥りやすく、また、低年齢でそうした依存傾向になりやすいそうです。普通の刺激では快楽を得られにくいために、強い刺激を求めてしまうと考えられています。

線条体の活動低下にもっとも大きく影響していたのは、一歳前後に虐待やネグレクトを受けた経験がある子どもたちでした。この時期は、養育者とアタッチメントを形成する重要な時期です。養育者との身体接触によってもたらされる心地よさ、快楽を喚起させる役割を持つ線条体が目立って発達する時期でもあります。しかし、この時期にそうした経験が剝奪されて育つと、線条体に大きなダメージを受けることになるのです。

†子どもである期間が短くなる

養育経験が後の脳と心の発達に影響を与える可能性について考えるとき、鍵となる重要な現象がもうひとつあります。それは、幼少期の脳の感受性期に不適切な環境を経験すると、子どもである期間が短縮され、思春期の開始が早まることです。

発達が早まることは、一見よいことのように思われるかもしれませんが、生物の仕組みはそう単純ではありません。進化生物学によると、幼少期がゆっくりと時間をかけて進むという生存戦略は、個体そのものの生存可能性を高めるという点では適応的です。親から守られながら、社会環境から多くのスキルを学び、それを訓練しながら身につけることができるからです。こちらは、ヒトに代表される生存戦略です。他方、子ども期が短い、早くに大人になるということは、生殖機能を高めることにつながります。この生存戦略は、個体よりも次世代の遺伝子をできるだけたくさん残すほうを優先するものです（図5－4）。そのため、ヒトにおいて思春期の開始が早まることは、生存上適しているとは言えないのです。

†思春期開始の早まりと精神疾患のリスク

幼少期の養育環境経験が、思春期の開始を早め、そして、脳と心の発達のリスクを高めることにつながるのはなぜでしょうか。この問題については、二つの行動特性が深く関わっているとみられます。ひとつめは、幼少期に不適切な養育経験を経ると、恐怖刺激に対する学習が早まること、もうひとつは、幼少期の恐怖経験の記憶が消えにくくなる、つま

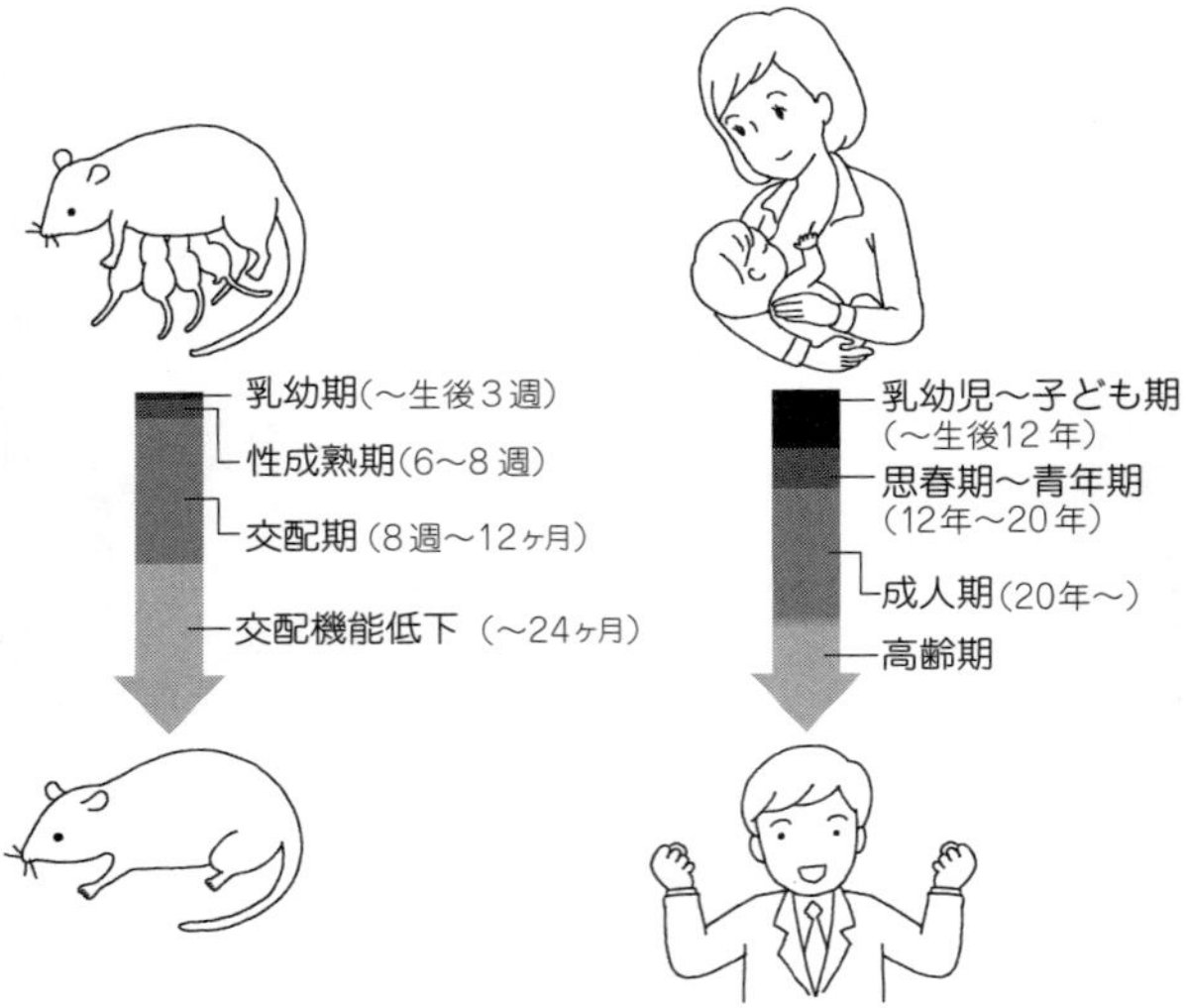

図 5-4　ヒトは長い時間をかけて脳と心をゆっくりと成熟させる生存戦略により進化してきた

り、記憶の保持―忘却の可塑性が小さくなるということです。

これらに関連するとみられる脳内ネットワークは、第四章で紹介した大脳辺縁系（衝動性、情動を喚起する扁桃体や記憶を司る海馬を含む）と前頭前野をつなぐネットワークです（図4‐10参照）。このネットワークが完成するのは、前頭前野が成熟する二五歳くらいであり、ヒトはこのネットワークをきわめて長い時間をかけて発達させます。

恐怖刺激に対する学習が早く始まるということは、恐怖刺激に対して敏感に応答する扁桃体の発達が進む、つまり、早くから活性化しているということです。実際、さまざまな事情により養育者とのアタッチメント形成の機会が剝奪されて育った子ども（五〜一六歳）や、母親が重度のうつ病を患っていた環境の中で乳児期を過ごした子ども（一〇歳）では、そうでなかった子どもに比べて扁桃体の容積が大きいという報告があります。反対に、ネグレクトを含む虐待を受けて育った子どもでは、三〜六歳の時点、そして一一〜一二歳の時点で扁桃体の容積が小さいという報告もあります。いずれにしても、幼少期の不適切な養育経験が、扁桃体の構造上の発達に影響することは間違いありません。

扁桃体の発達が早くなると、今度は、前頭前野とのネットワーク形成にも影響がでてきます。児童養護施設で育った子どもでは、このネットワークが早くからはたらき始めるそうです。つらい環境において喚起される衝動性、情動の高まりに対処しようと、扁桃体の活動を抑えるはたらきをもつ前頭前野とのネットワークが早期から機能し始めると考えられています（図5-5）。

幼少期のストレス経験は辺縁系—前頭前野のネットワークがはたらき始める時期を早めますが、他方、その構造上の発達についてはいまだ未成熟なままです。そのため、機能と

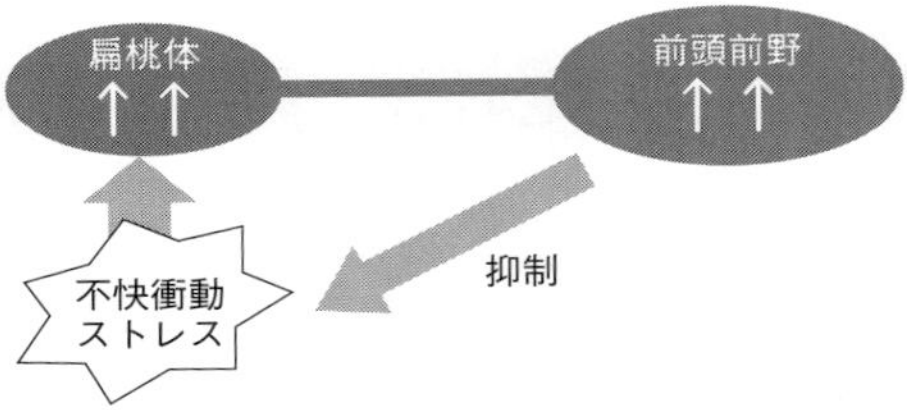

図 5-5　扁桃体—前頭前野のネットワーク形成は発達初期の養育経験の影響を受ける。不適切な養育環境で育つと、扁桃体—前頭前野のネットワーク形成が早く進む

構造の間の整合性にミスマッチが生じ、精神疾患が生じやすくなるとみられています。

記憶を司る海馬についても、扁桃体と同様のことが言えるようです。恐怖刺激が早くから記憶に残るということは、海馬の発達が促進されていることを意味します。海馬の構造に現れる問題としては、発達初期にネグレクトを含む虐待や、母親のうつ症状により不適切な養育経験を経た子ども（三～一二歳）では、そうでない子どもに比べて、海馬の容積が小さくなっているそうです。他方、こちらはげっ歯類を対象とした動物実験の結果しかありませんが、長期記憶を可能にする海馬内の神経細胞をつなぐネットワークについては、発達初期に不適切な経験をさせた子どもではより早期から形成され、はたらき始めることが示されています。

†前頭前野の役割を担う養育者

ここで思い出していただきたいのが、第三章で説明したアタッチメント形成です。アタッチメントとは、幼い個体が恐怖や不安を経験したとき、身体の内部状態をできるだけ安定維持させるために養育者の身体を借りてその調整を図り、身体生理を安定させるという適応的な行動システムでした。言いかえると、扁桃体の活動を抑える前頭前野がいまだ未熟な時期には、養育者が子どもの前頭前野の代わりを果たしているのです。

しかし、幼少期にその経験が剝奪されると、子どもたちはいまだ身体調整が未熟な状態でありながら養育者の身体を借りることができないため、ひとりで恐怖や不安に向き合うしかありません。生存するためには、早くに身体を発達させて、独立した状態で環境に適応するしかないのです（図5－6）。こうしたことが、不適切な養育経験を受けて育った子どもたちが思春期を早くに迎えることの背後にあると考えられます。

しかし、過度に早熟に向かう発達軌跡は、脳の構造上の発達との不整合を生じさせます。本来であれば、長い子ども期に養育者の身体を介してゆっくり時間をかけて恐怖や不安に対処する脳のネットワークを柔軟に発達させていくべきものです。第四章でも触れました

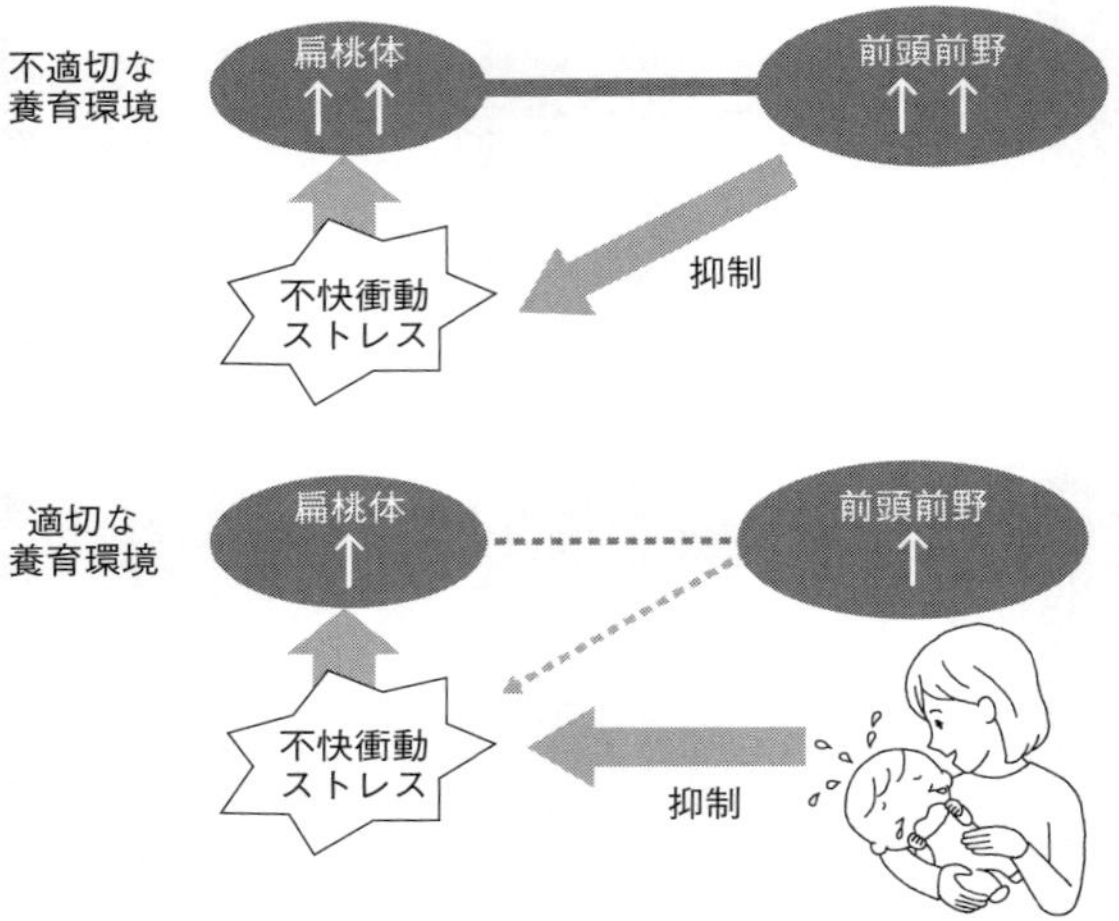

図5-6　発達初期においては、適切な養育環境では養育者が前頭前野の役割を担っている。不適切な養育環境では、自ら前頭前野を活性化してストレスに対処するしかない

が、大脳皮質、とくに前頭前野の発達のペースは、IQの高さと関連があることがわかっています(図4－15参照)。しかし、幼少期にアタッチメント形成の機会を失った子どもたちは、そのネットワークを早くから機能させることになるため、その形成が固定化されてしまいます。

こうした背景によって、とくに思春期という辺縁系の活動が活性化しやすい時期に、不安や恐怖に対する脆弱性として精神的問題が現れやすくなるとみられています。

†周産期の環境経験と発達障害

次に、もうひとつの事例である早産児について見ていきましょう。早産児の脳と心の発達軌跡も、周産期（胎児期〜新生児期）の環境経験の影響を強く受けて変化するようです。

日本では、妊娠二二週〇日から妊娠三六週六日までの出産を早産と呼びます。早産児は、本来育つべき環境である子宮内とは全く異なる環境で育ち始める存在です。最近の欧米の長期コホート研究は、こうした異質な環境経験が、早産児の脳と心の発達に影響する可能性を示しています。

例えば、スウェーデンで行われた一〇〇万もの事例を長期追跡した研究は、早産が発達障害、とくに注意欠如・多動症（ADHD）の高リスク要因であることを示しています。早産児が就学期までに注意欠如・多動症と診断されるリスクは、妊娠三五〜三六週の出生であっても一・三倍に上昇します。また、言語発達の遅れや限局性学習症（ディスレクシア）、最近では自閉スペクトラム症（ASD）と診断されるリスクの高さも指摘されています。重要なことは、重篤な神経学的疾患が退院時に認められなかった早産児でも、後に発達障害と診断されるケースが少なくない点です。

胎児期から新生児期の異質な環境経験（胎内経験の短縮）が発達障害の発症と関連する可能性は十分考えられますが、それがなぜ起こるのかを説明しうる科学的根拠は見出されていませんでした。

そこで、私たちの研究グループは、出生予定日に達した早産児と満期産新生児の発達軌跡を追う研究を十数年前から始めました。

†個人的体験に導かれ

ＮＩＣＵ（新生児集中治療室）で目にした光景を、今も鮮明に思い出すことができます。病院スタッフがすれ違って歩くことも難しい、広いとは言いがたい部屋の中に、場所を取りあうように多くの医療機器と保育器が置かれていました。目を凝らして保育器の中を覗き込むと、手のひらにすっぽりと収まってしまうほど小さい、はかない姿をした乳児がタオルに包まれ、横たわっています。人工呼吸器や心電モニターのコードが体に装着されていて、その波打つようすに生命を感じることができます。いわゆる「ふっくら、丸い」イメージからはほど遠い姿です。保育器のそばにおかれた千羽鶴やお守り、ご家族の写真が、保育器の中のかけがえのない生命を見守っています。

胎児には、心の原型がある。そうした確信を持っていた私にとって、本来は胎児であるはずの早産児の姿はあまりに衝撃的でした。羊水の中で自由に手足や頭部を動かし、環境との相互作用を積み重ねながら成長しているはずの胎児が、保育器の中でタオルに包まれたまま、ほとんど動けない状態でいるのですから。

早産児の研究を始めたのは、私の個人的体験によるところが大きいと思います。それまで、私は愛知県犬山市にある京都大学霊長類研究所でチンパンジーの心に関する研究に携わっていました。研究も軌道に乗りはじめ、独立した研究者として歩み始めてまもなく、私は新たな命を授かりました。母となる喜びと同時に、研究者として一人前の仕事をしたいという思いのはざまで、心身のバランスをうまく調整することができなかったのでしょうか。ある朝、いつものようにチンパンジーの認知実験を行っているとき、突然腹部に激痛が走り、そのまま病院に緊急搬送されてしまいました。切迫早産でした。子宮収縮が頻回におこり、子宮口が開き始めていて、胎児が胎外に出てきそうな危険な状態にあると告げられ、目の前が真っ暗になりました。

結局、犬山市内の病院にそのまま数カ月間、食事の時間以外は横になるという絶対安静の日々を過ごしました。その後、無事に出産することができたのですが、息子は一八〇〇グラムというとても小さな状態で生まれ、しばらくNICUで過ごすこととなりました。同時期に出産を迎え、保育器に入らずに授乳を開始できる健康そうな母子を横目に、保育器の中で眠る息子に何度も心の中で詫びました。その時のことを思い出すと、今でも胸が苦しくなります。

出産後しばらく、NICUに通う日が続きました。その時、息子よりもさらに厳しい困難に直面している子どもたちがNICUに数多く入院していることを知りました。当時の私にとって、その光景を直視することはあまりに辛く、そうした体験を記憶の奥に収めておくことしかできませんでした。

それから五年ほどが経過し、私の中にある思いが強く沸き立ってきたのです。本来育つべき環境である子宮の外に早くに出てしまった胎児の脳や行動には、どのような影響が生じるのだろうか。そうした問題に研究者として向き合うことは、当事者である私の使命なのではないだろうか。科学的根拠に裏づけられた、真に妥当な早産児へのケアを提案、実践するには、彼らの脳や行動の発達の軌跡を、満期産児との比較を通じて客観的手法により明らかにすることがまず必要だ。京都大学教育学部に赴任したことを機に、ずっと抱いていた思いを実現する決断をしました。

†早産児が抱える発達リスク

私たちは、出生予定日に達した早産児と満期産の新生児の脳機能を比較することから始めました。予定日より二カ月程度早く出生した、つまり、胎外環境を二カ月ほど早く経験してきた早産児、および満期産新生児を対象として脳イメージング研究を行いました（元京都大学研究員・直井望さんたちとの共同研究）。

大人が乳幼児に語りかける際の音声は、全般的に声の高さが高く変化幅（抑揚）が大きい、ゆっくりである、快の情動を含むなどの特徴があります。こうした音声は、「対乳児音声（Infant-directed speech IDS）」と呼ばれ、大人に話しかける場合の音声（対成人音声 Adult-directed speech ADS）と比較して、乳幼児の注意をより強く引きつけることがわかっています。これらの音声に対する脳活動を計測、比較することで、胎外経験がこの時期の脳の機能的発達にどのように関連するのかを調べてみました。

用いた手法は、近赤外分光法（ＮＩＲＳ）と呼ばれるものです。ＮＩＲＳは、ＭＲＩなど他の脳イメージング手法に比べて計測が容易で、通常の部屋で簡便に取り扱うことができます。一般に、よく活動している脳部位では酸素と結合したヘモグロビンが増加します。

頭部から投射した近赤外光は、血液成分のヘモグロビンにより吸収されますが、そこに酸素がついていると、その吸収の度合いに変化が生じます。近赤外線の送受信により影響を受けた光を分析することで、脳活動がとくに活発となっている部位を特定できます（図5-7）。

その結果、満期産新生児も早産児も、対成人音声より対乳児音声に対して敏感に反応すること、とくに右半球で対乳児音声に対する脳活動が上昇することがわかりました。ただ、早産児では、右半球の前頭―側頭領域の活動が満期産児に比べて弱かったのです。また、異なる脳部位間が結合して情報処理するようす（functional connectivity）を見るため、左右半球の活動の同期性を調べてみると、側頭、頭頂領域における左右領域間の活動の同期性は、むしろ早産児のほうが強いことがわかりました（図5-8）。後者の結果については、一見、早産児のほうが脳を早くに発達させているというイメージを持たれるかもしれませんが、その解釈には慎重にならなければいけません。本来は胎児として子宮内環境で経験する音は、早産児が生後ＮＩＣＵで経験してきた音とはまったく異なるものです。そうした環境経験の差が、早産児の脳内シナプスの刈り込みのスピードを早めた可能性もあります。

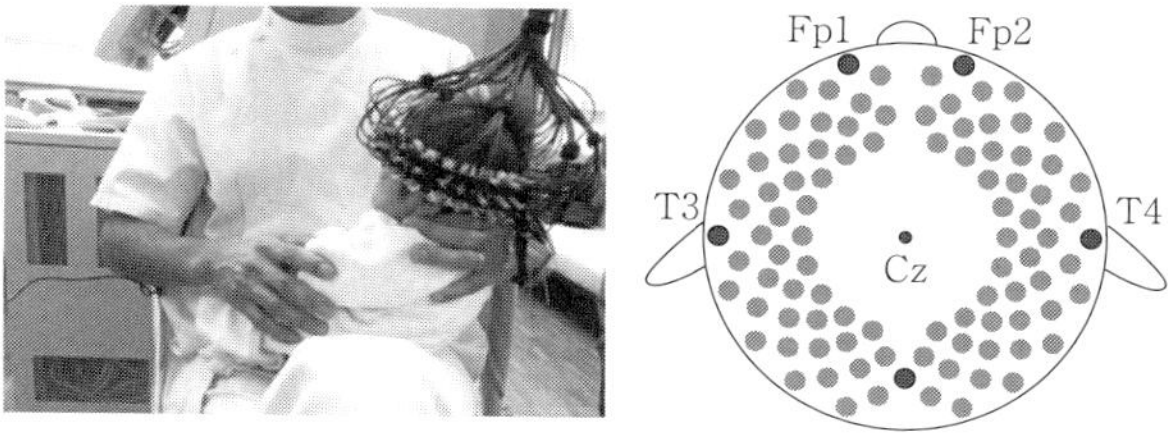

図 5-7　（左）94 チャンネルからなる近赤外分光法を用いた乳児の脳機能測定場面。睡眠安静時にスピーカーから音声を提示し、そのときの脳活動を記録した（右）前～頭頂部から側頭部、後頭部にわたる 94 地点で生じた酸素化ヘモグロビンと脱酸素化ヘモグロビンの濃度変化を計測した（Fp1＝左前頭頭頂部、Fp2＝右前頭頭頂部、T3＝左側頭部、T4＝右側頭部、Cz＝基準点）。上部は鼻側、下部は後頭を表す

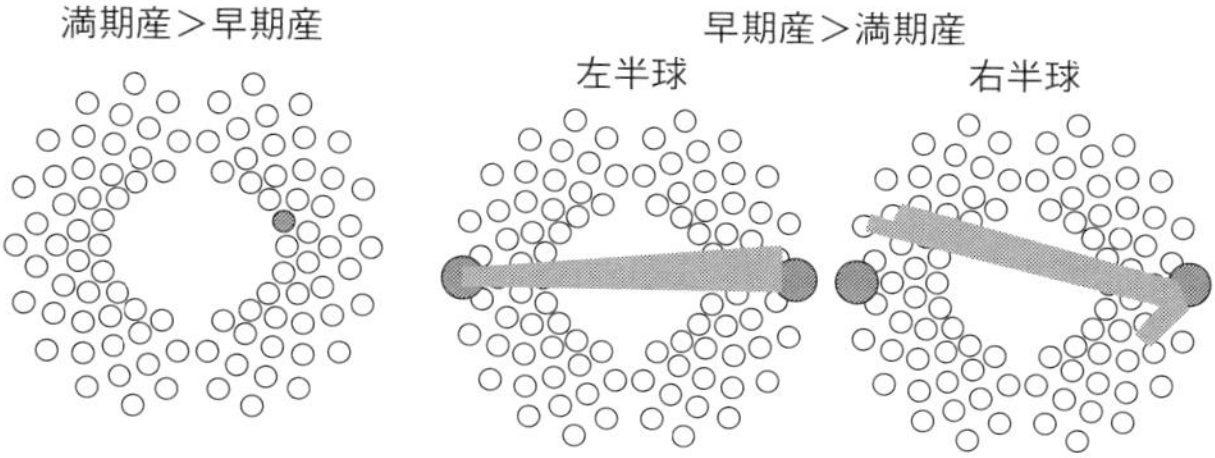

図 5-8　予定日で修正した週数が満期にあたる早産児と満期産児の間でみられた対乳児音声（IDS）に対する脳活動（左）早産児では、満期産新生児と比べて IDS 提示時の右前頭側頭領域の活動（グレー塗り箇所）の上昇が有意に小さかった（右）計測部位間の活動の相関である functional connectivity（同期活動）については、側頭から頭頂部の左右領域間の活動の相関（左と右をつなぐ線）が早産児のほうが有意に高かった（Naoi et al., 2013）

いまだ検討すべき課題は多いですが、この研究結果は、言語の抑揚に関する情報処理は、成人と同様に新生児もすでに右半球優位で行っていること、そして、出生直後に置かれた環境が脳の発達に影響を与えていることを明確に示しています。

†早産児の自律神経系機能

続いて、私たちはNICU入院中に出生予定日を迎えた早産児と、生後数日の満期産新生児の自律神経活動に着目した研究を行いました（元京都大学教育学研究科大学院生・新屋裕太さんたちとの共同研究）。

乳児の心身にできるだけ負担をかけず、簡便に神経系の評価ができる指標として私たちがまず注目したのは、乳児の自発的な「泣き声」でした。泣き声は、発達初期における神経生理状態を測定する間接指標とされています。きわめて高い泣き声は、生後早期の代謝不全や神経成熟の異質性と関連すると言われています。早産で生まれた乳幼児の泣き声は、満期産で生まれた乳幼児のそれに比べて甲高いという報告はこれまでもありましたが、そうした差異を生じさせる理由についてはわかっていませんでした。

私たちは、早産児と満期産新生児の空腹時の自発的な泣き声（注射など外的刺激に誘発された泣きではない内因性の泣き）をＩＣレコーダーで収集し、音響的解析を行いました。さらに、泣き声の音響的特徴と、在胎週数や身体サイズ（泣き声計測時の体重、身長、頭囲など）、および子宮内発育遅延などのプロフィールとの関連についても調べました。その結果、次の三つの点が示されました（図５‐９）。

①出生予定日より早くに出生した乳児ほど、泣き声の高さ（基本周波数）が高い
②泣き声の高さは、身体の大きさとは関連しない
③子宮内発育遅延の有無と泣き声の高さとの間には関連はみられない

つまり、出生予定日前後まで成長した早産児は、身体の大きさや子宮内発育の遅さによらず高い声で泣いていること、さらに、予定日より早く生まれた乳児ほど高い声で泣くのです。

この結果について、私たちは、早産児がみせる高い泣き声の背景には「迷走神経の活動低下」による声帯の過緊張が関与していると考えました。迷走神経とは、主要な自律神経系のひとつです。心臓や腸などの制御に関わるほか、喉の筋緊張を緩和させるはたらき（副交感神経系の調整機能）も担っています。

早産児は出生後、子宮とは異なる環境下で多くのストレスに晒されているとみられます。

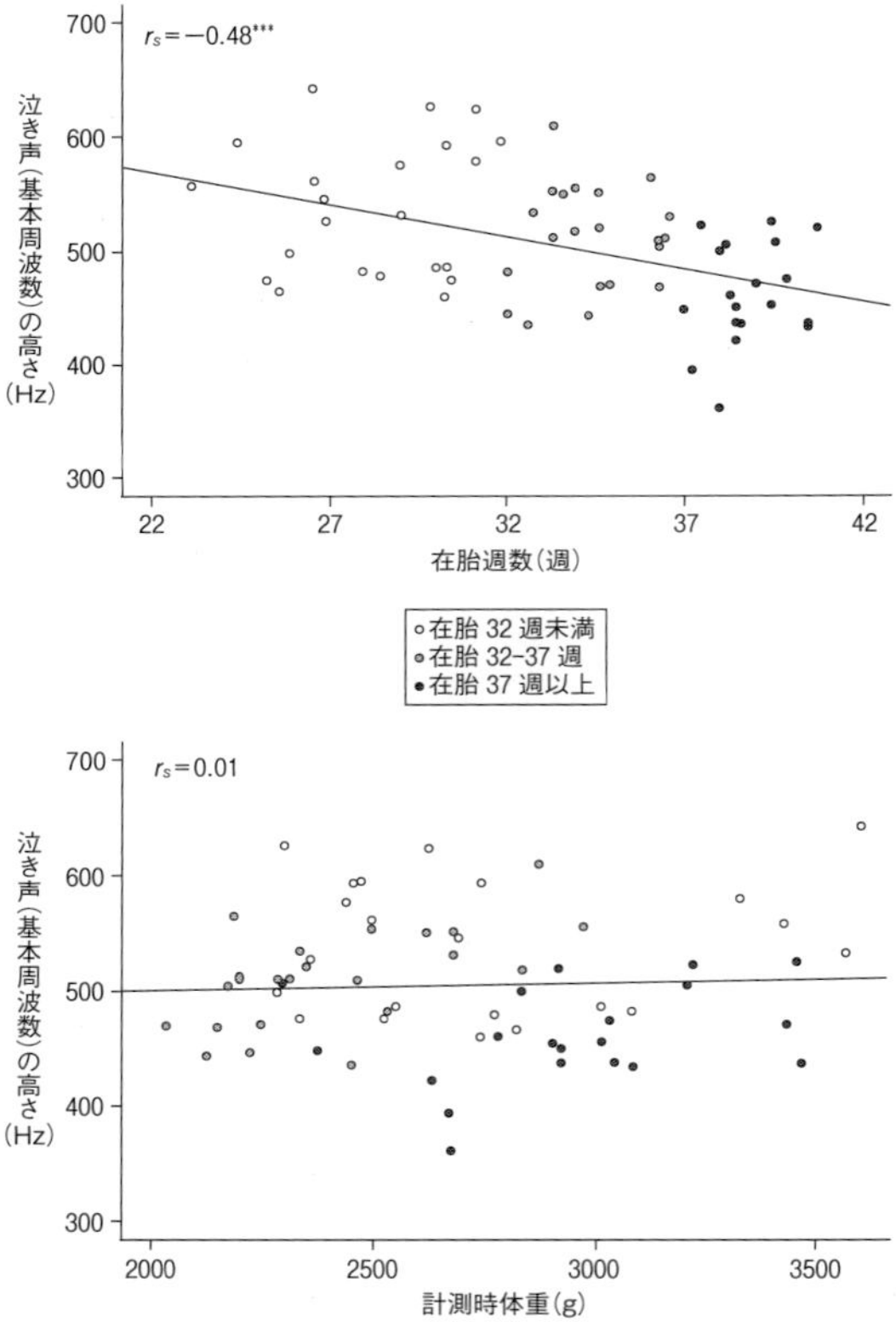

図 5-9　出産予定日前後の乳児の泣き声の高さと「在胎週数（上）」、および「計測時の体重（下）」の関連（Shinya et al., 2014）

そのため、迷走神経を含む自律神経系の活動が低下している可能性が高く、本研究が示した早産児の高い自発的な泣き声は、自律神経系の中でもとくに迷走神経の不全を反映しているのではないか、と考えました。

私たちは、この時期の乳児の泣き声と迷走神経の活動レベルとの直接的関連、そして、生後数年にわたる認知発達との関連を明らかにする研究を進めてきました。その結果、予想通り、早産児の副交感神経系の成熟レベルと泣き声の音響的特徴には明確な関連がみられることがわかってきました。在胎週数が短い早産児ほど迷走神経活動が低く、また、高い声で泣くのです（図5－10）。

予後の発達を追跡する

早産児の脳神経系の異質性は、出生予定日前後の時期（周産期）にすでにみられることが明らかとなりました。しかし、この結果は早産児の予後を改善、サポートする、科学的に妥当なケアを提案するための第一歩にすぎません。周産期にみられるこうした差異が、早産児の予後にどのように影響するのかを具体的に明らかにしなければなりません。NICUを無事退院された後の早産児の成長を丁寧に追うことが必要なのです。

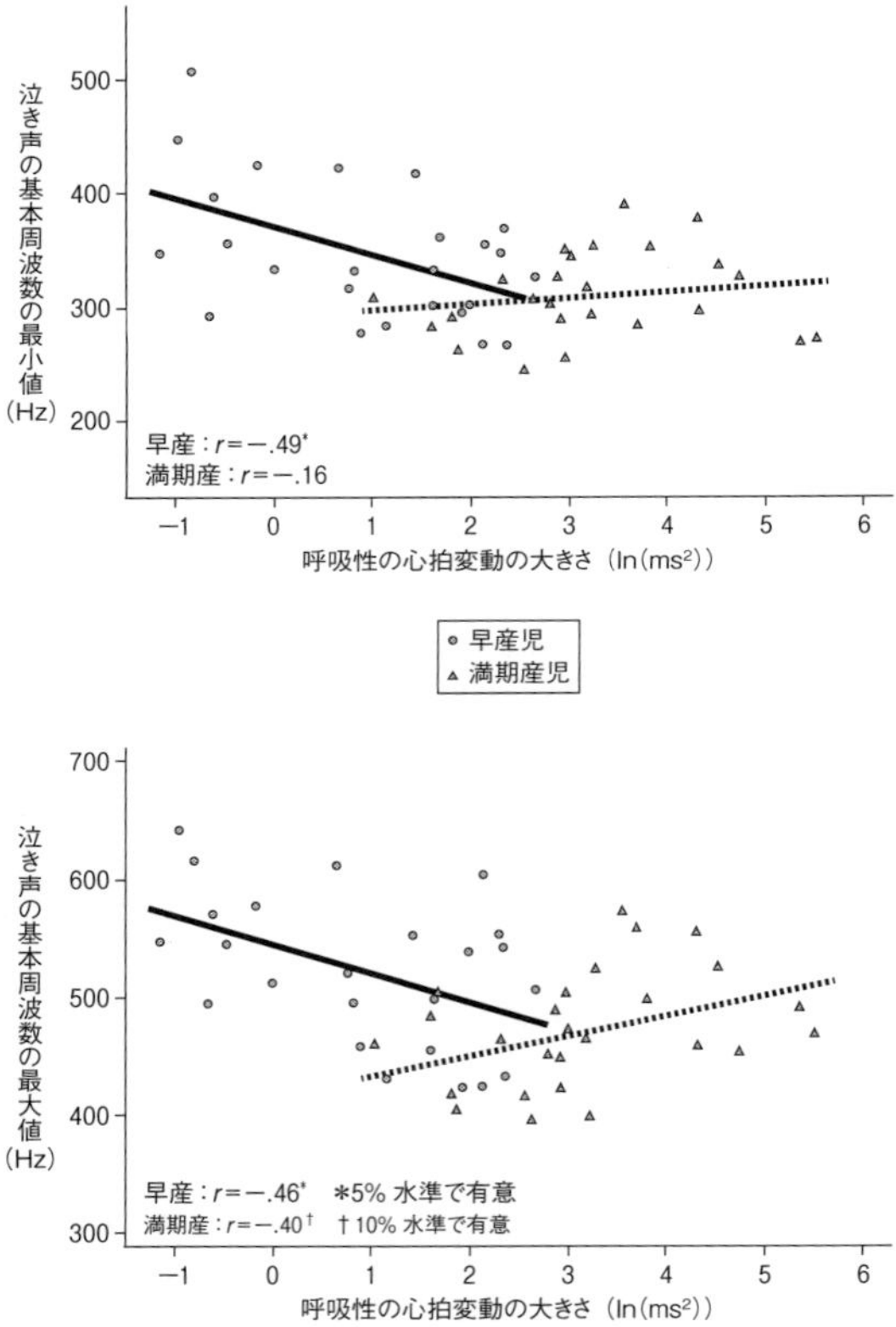

図 5-10 「呼吸性の心拍変動（横軸）」および「泣き声の基本周波数（縦軸）」との関連。（上）基本周波数の最小値、（下）基本周波数の最大値（Shinya et al., 2016）

退院後、早産児は成長のフォローアップのため、数年にわたり定期的に小児科外来を受診されます。外来では、身体の発育状態のチェックとともに、標準化された発達検査を実施し、認知機能の評価が行われることもあります。こうした従来のフォローアップに加え、私たちは「京大式デジタル発達評価」と名付けた評価の試みを外来でスタートさせました。自動視線検出装置（アイトラッカー）を用いて、「視聴覚の感覚統合（口の運動と音声の一致性検出、表情と音声プロソディの一致性検出など）」や、「社会性刺激に対する注意（バイオロジカルモーション、人と幾何学図形に対する選好差、視線追従など）」の機能獲得を評価するための視覚課題を実施したのです。検査者と対面しなくても、簡便かつ客観的に子どもたちの認知機能を評価できるシステムを開発することで、人見知りなど影響を最小限に抑えつつ、早期からの発達評価、支援を目指す試みです（元京都大学教育学研究科大学院生・今福理博さん、新屋裕太さんたちとの共同研究、図5‐11）。

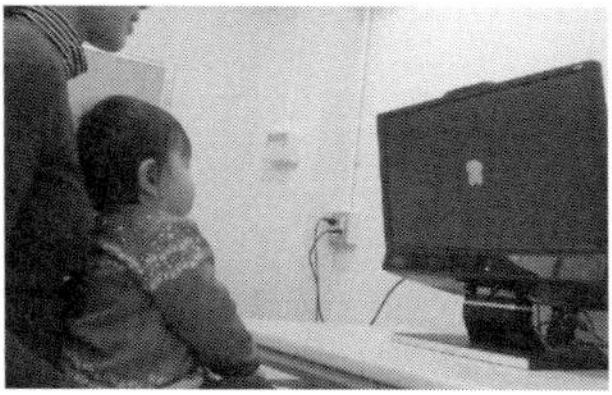

図 5-11　「京大式デジタル発達評価」の試み。アイトラッカーを使って子どもたちが見ている世界を客観的に評価する

これまで、早産児、満期産児それぞれ一〇〇名以上のお子さん、親御さんにご協力いただき、生後半年から二年間、

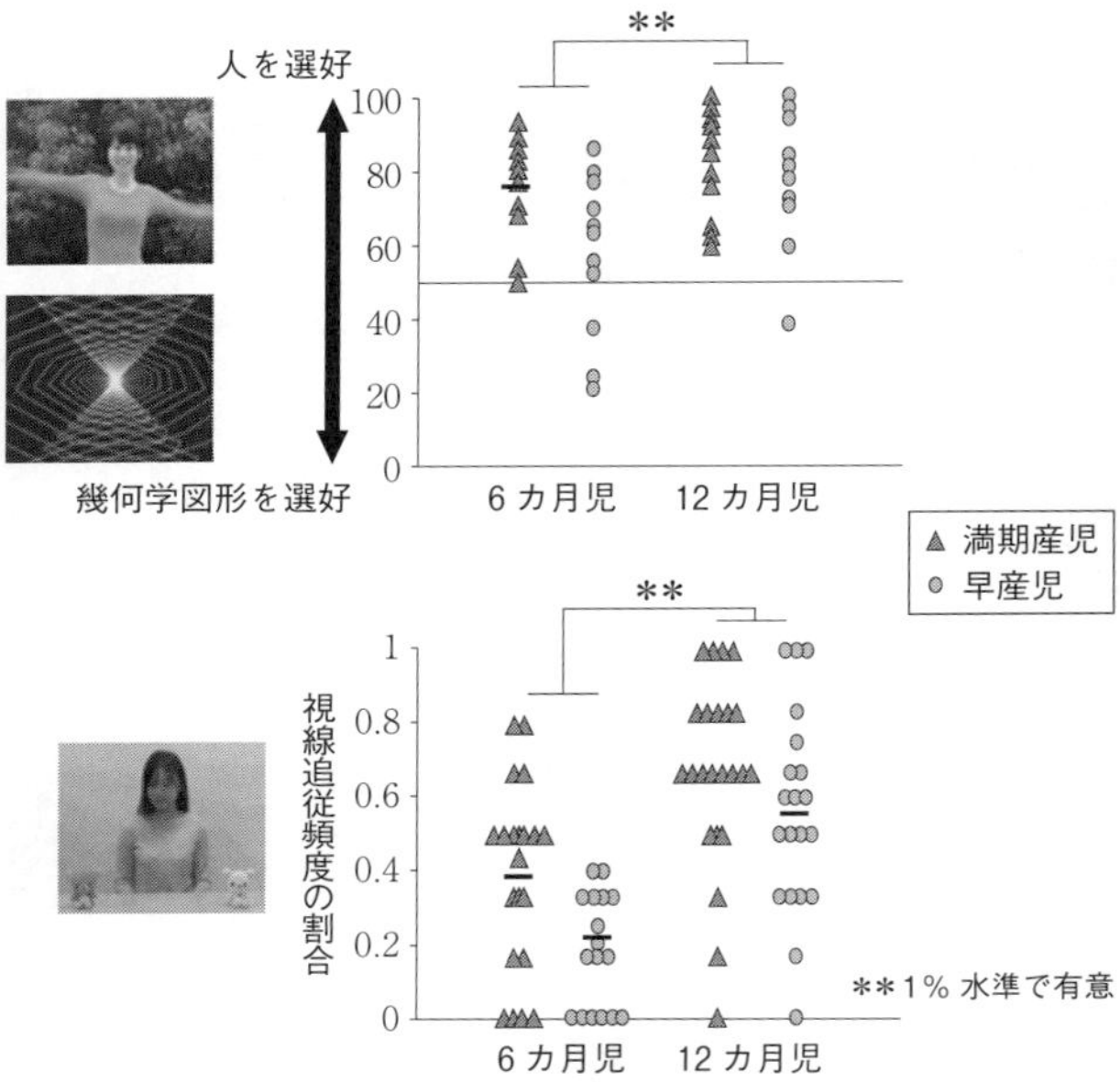

図 5-12　修正齢 6 カ月、12 カ月時点における満期産児と早産児の「人―幾何学図形の動きへの選好課題（上)」と「視線追従課題（下)」の結果。図中の黒バーは平均値を示す（Imafuku et al., 2016）

継続してデータを蓄積してきました。研究はまだ続いていますが、それでもかなりのことがわかってきました。

例えば、出生予定日から一二カ月経過した（修正齢一二カ月の）早産児の一部では、人の動作への注意（人の動きを幾何学図形の動きよりも好んで見る、他者の視線を追従する）が満期産児に比べて弱いのです。他方、視聴覚情報を統合する能力を測る課題については、早産児と満期産児の予後に明確な差異は認められていません（図5-12）。

今後さらにデータを蓄積しながら、より慎重に検証を重ねていく必要がありますが、この結果は、早産児の他者への注意の向け方にはかなりの個人差が見られることを示しています。周産期の脳神経系の発達が、とくに社会的認知機能の予後に関連するようなのです。この時点で確認された認知機能の個人差が、より高次な認知機能の発達、言語獲得とどのように関連するかを、周産期からの神経生理のプロファイルをたどりながら慎重に追跡調査しているところです。

日本では、総出生数が減少しています。その一方で、日本は早産児の出生割合が増加の一途をたどる数少ない先進国のひとつであることをご存じでしょうか。NICUで育ち始める子どもたちの発達支援体制の構築、環境整備は、わが国が優先的かつ喫緊に取り組むべき課題のひとつなのです。

†脳の「感受性期」を生かした早期からの発達支援が重要

不適切な環境で育った子どもたち、早産児の発達の例に限らず、科学的根拠に基づく早期からの発達評価、診断、支援法の開発が、今、臨床現場で強く求められています。例えば、思春期以降に目立って現れる精神問題に対する一般的な対処法は、問題が顕在化した後、医学的治療や社会心理的支援をするというものです。私は、こうした事後的な対処法には限界があると考えています。そのため、心の発達の本質である「連続性」と「多様性」、これらの科学的理解を真に有効な発達支援と結びつける必要があります。個々の心の問題がいつ、どのように、なぜ生まれるのかを科学的に説明することで、それぞれの発達を予測し、その特性に合わせた「早期からの・個別型の」療育・発達支援が提案できるはずです（図5－13）。

世界では、急増し続ける精神疾患の早期予防に向けた投資がすでに手厚く行われ始めています。アメリカでは、「ABCDプロジェクト（Adolescent Brain and Cognitive Development）」が二〇一五年にスタートしました。全米一〇拠点の九歳、一万二〇〇〇人以上の

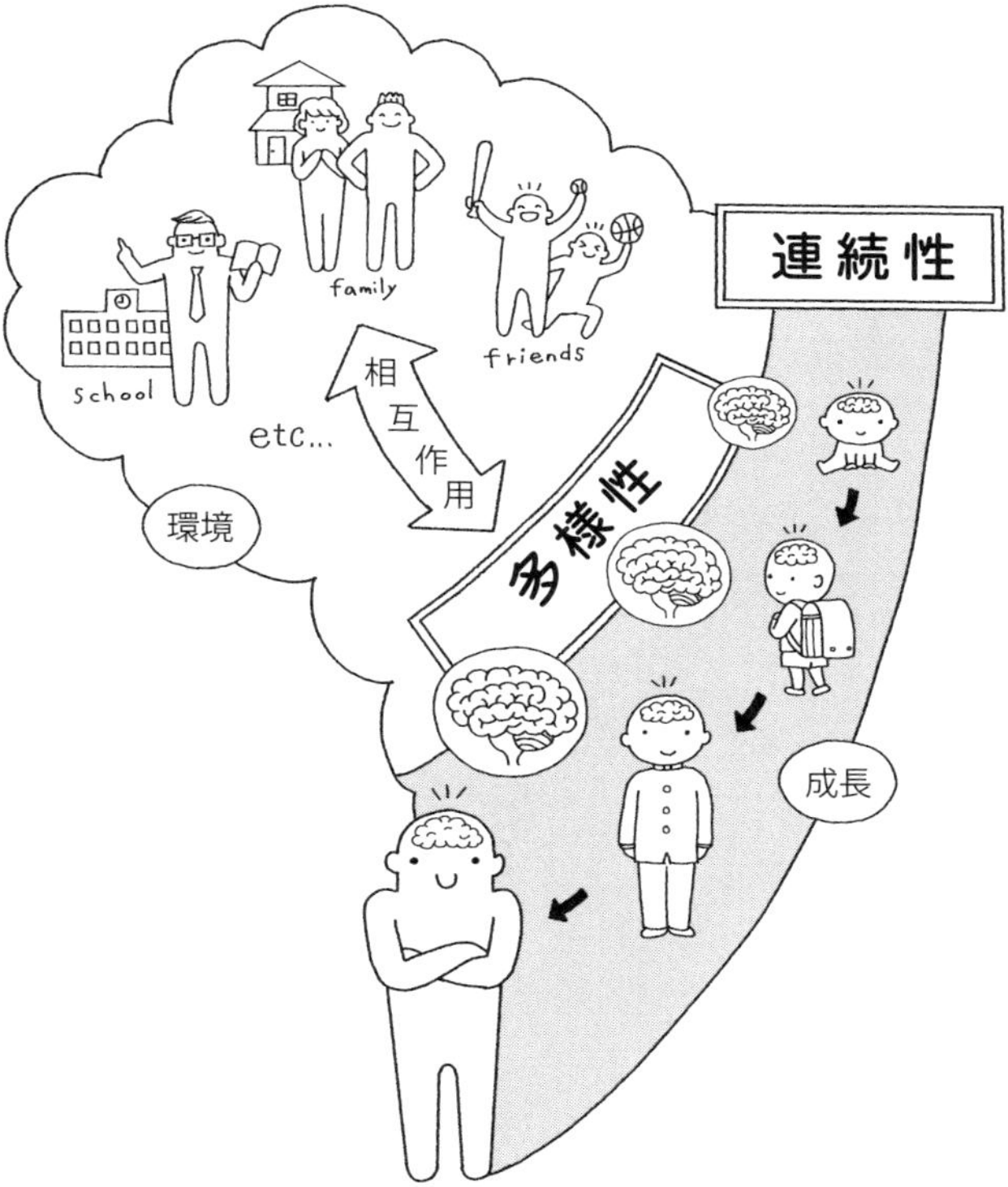

図 5-13　発達の本質「連続性」と「多様性」をふまえた早期からの個別型支援が求められている

子どもたちを二〇歳に達するまで追跡するという、大規模な長期コホートです。脳イメージング、遺伝子、内分泌、神経心理学的指標などにより、思春期の精神発達に影響する因子を特定することで、この時期にとくに顕在化しやすい精神発達の問題に事後的に対処するだけでなく、精神疾患を「予測」し、「予防」する新たな医療を切り拓こうとしているのです。

さらに、二〇二〇年からは、胎児期から生後数年にわたり、ひとりひとりの子どもたちの発達を追跡することで大規模データを収集する国家プロジェクトも始まるそうです。

こうした大胆なアプローチによって、精神的問題に対する適切な介入時期（感受性期）が特定できることなども期待されます。このような大きな発想に基づく研究は、日本はかなり遅れをとっています。残念なことに、ただちに成果をあげにくい長期コホートのような研究は、日本では予算をたててもらいにくいのが現状です。今ほど「エビデンス・ベースト」の発達支援が必要とされる時代はないのですが。

▼ポイント

（1）脳の感受性期に不適切な環境を経験すると、思春期までに精神的問題が生じやすくなる。

（2）アタッチメント形成がうまくいかないと、思春期の開始が早まる

（3）脳の感受性期をふまえた「早期からの・個別型の」発達支援が重要

第六章

人類の未来を考える

——ヒトが育つための条件

私たちホモ・サピエンス（*Homo sapiens*）という生物が、数百万年という長い時間をかけて獲得してきた身体は、他者をはじめとする環境と相互作用を繰り返しながら連続的に脳と心を発達させていくこと、その発達軌跡は環境によって多様となり得ること、脳が環境の影響を受けて変化しやすい特別の時期があり、その時期に多様性が生じやすいことなどを見てきました。

これらをふまえ、最終章ではヒトの未来に目を向けたいと思います。

†情報化社会の到来

この数十年の間に、ヒトが地球上に誕生してから経験したことのない規模で環境が激変しています。深層学習（ディープラーニング）と呼ばれる技術の進展は、ヒトの知的なふるまいを人工的に再現しうる人工知能（ＡＩ）を大きく飛躍させました。

今、ＡＩを生かしたデジタル社会の実現が世界規模で急激に進んでいます。さまざまなモノをインターネットで接続し、相互に制御する仕組み（モノのインターネット［ＩｏＴ、Internet of Things］）や、社会のいたるところにＡＩを搭載したロボットを共生させることでヒトの生活を支えようとする動きが盛んです。膨大なデータ（ビッグデータ）の取り扱

1. 人間の 10% が Internet に接続された衣服を着ている　91.2%
2. 90% の人々が無限容量の無料記憶媒体　91.0%
3. 1 兆個のセンサが Internet に接続　89.2%
4. （米国に）最初のロボット薬剤師が誕生　86.5%
5. 最初の 3D-printed car が誕生　84.1%
6. 国勢調査を BD source に置き換える国が出現　82.9%
7. 人体埋め込み可能な携帯電話が誕生　81.7%
8. 消費者向け製品の 5% が 3D printed product に　81.1%
9. Driverless car が（米国の）道路を走る車の 10%　78.2%
10. 3D printed liver の移植に成功　76.4%
11. 企業の監査の 30% が AI による監査に　75.4%
12. Blockchain 経由で徴税する国が出現　73.1%
13. 家庭への Internet traffic の 50% が家電その他のデバイス用に　69.9%
14. 車での旅行には自家用車よりも car sharing の方が多くなる　67.2%
15. 50,000 人以上の住民がいて交通信号が 1 つもない都市が出現　63.7%
16. 世界の GDP 全体の 10% が blockchain technology の上に貯えられる　57.9%
17. 企業の取締役会のメンバーに AI が登場　45.2%

図 6-1　世界国際フォーラム・「グローバル・アジェンダ・カウンシル（GAC）」が予測した 2025 年の技術予測（安西祐一郎「AI、ビッグデータ、IoT の研究開発と Society 5.0 の実現」より抜粋）

いが可能となった今、ＡＩの適応範囲はモノのレベルを超えて、ヒトの心のはたらきや行動、社会の予測的理解にまでいたるとの見方もあります。

世界経済フォーラム（World Economic Forum WEF）という国際機関に参画する専門家が発表した最新の予測によると、二〇二五年までに、世界は図６－１にあるような社会へと変わっていくそうです。

†未来の日本社会

ＡＩ技術の開発は、今や世界

の中心課題です。二〇一八年、米国を代表する研究機関であるマサチューセッツ工科大学（MIT）が、コンピューティングとAIの研究に一〇億ドルを投じると発表しました。欧州でも、二〇一三年よりThe Human Brain Project（HBP）と呼ばれるプロジェクトがスタートしました。AI技術を駆使して脳をコンピューター上で作り上げ、そのはたらきを理解することを目指すもので、なんと一〇年で一〇億ユーロを超える資金が投入される予定です。これにより、脳の病気のリスクを発見したり、治療するための手法を開発したり、画期的な情報技術やその伝達技術を生み出すことはもちろん、欧州の労働市場の将来性を高めたり、欧州大陸全体が直面している深刻な社会的問題のいくつかを解決することも期待されています。中国も、二〇一七年に「次世代AI発展計画」を発表し、AIを国際競争に打ち勝つ戦略技術に位置づけ、二〇三〇年には世界のトップに君臨するよう、一七〇兆円規模の市場を作ると発表しました。

当然ながら、日本も無関心でいられるはずがありません。二〇一六年、AI研究開発目標と産業化のロードマップを策定するため、産学官の知見を横断的に集結させてAI開発と社会実装を目指す「人工知能技術戦略会議」が創設されました。画期的だったのは、総務省、文部科学省、経済産業省という複数の省庁が協働して（二〇一七年にはそれに加えて内閣府、厚生労働省、農林水産省、国土交通省が参画)、産業界との連携を強化する仕組みが提案されたことです。世界の潮流に遅れぎみの日本が、並々ならぬ危機感を抱いていることがわかります。

こうした流れを受けて、日本政府は、未来社会のあるべき姿を示しています。「科学技術基本法」に基づいた、第五期「科学技術基本計画(二〇一六〜二〇二〇)」を策定し、科学技術政策の推進とともに新たな社会設計を図ろうとしています。「Society 5.0」と名付けられたこの新たな社会では、**デジタル技術を応用してサイバー空間(仮想空間)とフィジカル空間(現実空間)を高度に融合させたシステムづくりが目指され、**それは最終的に、経済発展と社会的課題の両方を解決することにつながるといいます(図6-2)。

ちなみに、この5.0という数字が意味するところは、人類がこれまで築いてきた狩猟社会(Society 1.0)、農耕社会(Society 2.0)、工業社会(Society 3.0)、情報社会(Society 4.0)に続く、新たな五番目の社会なのだそうです。

†AIは万能か?

「シンギュラリティ(技術的特異点)」ということばを聞かれたことがあるでしょうか。ア

図6-2　人類が目指す5番目の社会「Society 5.0」（内閣府ホームページ）

メリカの発明家、実業家、そして人工知能研究の世界的権威でもあるレイ・カーツワイル氏によって唱えられた未来予言です。

彼によると、人工知能はさらに優れた人工知能を再帰的に創造していき、ヒトを圧倒的に超える高度な知性が生み出されます。技術の革新は指数関数的なスピードで進んでいき、二〇二九年には人工知能の賢さがヒトを超え、二〇四五年にはシンギュラリティの時点に達します（図6-3）。そこに到達すると、技術の恩恵を受けてきたヒトは身体や脳の生物的な制約を突破し、進化の所産である生物としてのヒトからは超越した存在となるそうです。

その予言は、現実のものとなるのでしょうか。二〇一六〜一七年、Google DeepMind社が開

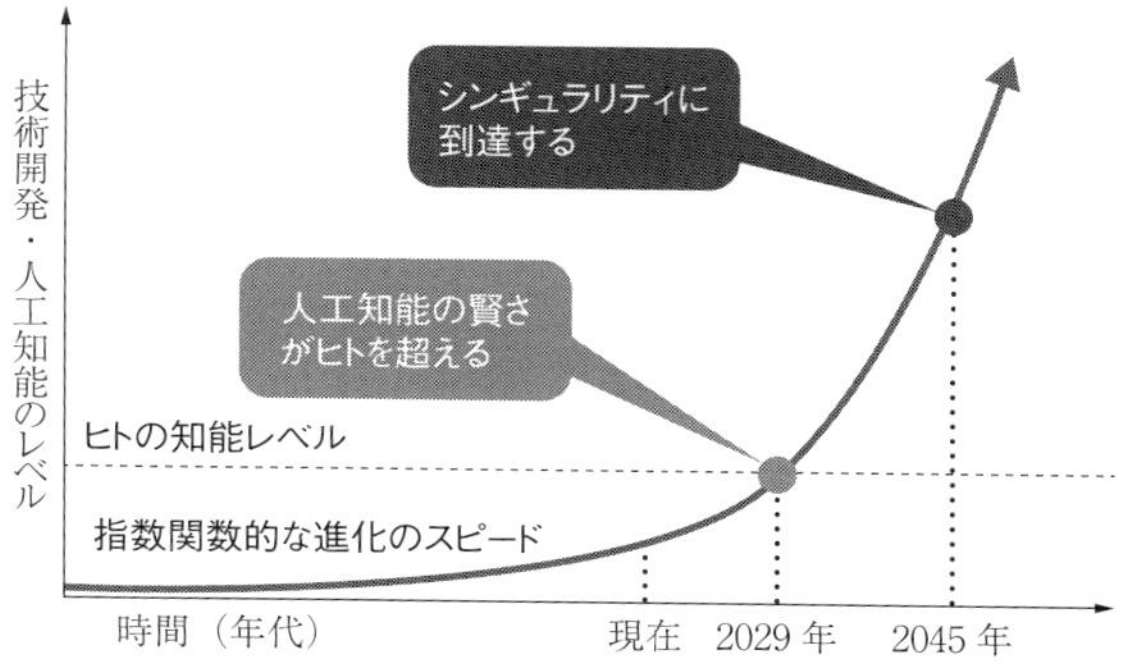

図6-3　技術開発のスピードとシンギュラリティの到達時期

発したAlphaGo（アルファ碁）と呼ばれるコンピューター囲碁プログラムが世界トップレベルの囲碁棋士に次々と勝利したニュースは大きな話題を呼びました。囲碁は、コンピューターがヒトに打ち勝つことが最も難しいと考えられてきた領域のひとつであったため、ＡＩが勝利を収めたことは世界に衝撃をもたらしました。AlphaGoの勝利は囲碁の勝敗というレベルを越え、ＡＩの有能性を世界に知らしめるきっかけとなり、世界のＡＩブームに拍車をかけました。

最近では、ＡＩに宅地建物取引士（宅建士）試験や司法試験の過去問題を学習させて次の試験問題を予想するシステムが作られていて、なんと本番の宅建士試験では七八％を、司法試験では予測した九五問中の五七問、六〇％を的中させたそうです。これは、司法試験の合格に必要な水準を満たすというから驚きです。

子どもの育ちに関連する分野でも、ＡＩの利用が進められています。二〇一九年、産業技術総合研究所は、ＡＩによる児童相談所の児童虐待対応の支援システムを開発したと発表しました。過去六年間に対応した約六〇〇〇件分のデータをＡＩに学習させると、あるケースに対してＡＩが一時保護する必要性の確率が示されるというものです。四歳児が自ら保護を訴えていれば「九九％」、頭や腹部などにあざがある場合は「六七％」などと数字で明確に表示されます。現場の専門家に委ねられていたこうした判断にも、いよいよＡＩが関与してきたのか、と心に強く残りました。

ただし、今のＡＩがたいへん苦手とする側面があります。それは、対人場面における「誤差検出―予測の修正―更新」の過程を含む情報処理です（第三章、図3-6参照）。相手の心の状態を時と場合に応じて柔軟に予測し、対応する点で、ＡＩとヒトとの間にはいまだ大きな隔たりがあります。それはなぜでしょうか。

本書では、各章の終わりに、ヒトの脳と心の発達を理解する上で重要となる点を「ポイント」としてまとめてきました。これらのポイントをふり返りながら、ホモ・サピエンスが種としての脳と心を発達させるために何が必要かを考えていきましょう。その先に、答えが見えてくるはずです。

†身体を持つヒト、身体を持たないＡＩ

まず第一章では、ヒトを生物の一種として理解することの重要性、そして、ヒトが長い時間をかけて環境に適応しながら獲得してきた身体は、環境と動的に相互作用を繰り返し、相互作用のしくみ自体を変えることによって脳と心を創発、発達させていくことを述べました。この基本的事実から、ヒトの脳と心の発達の本質は、少なくとも二つの表現によって示されることもお話ししました。「連続性」と「多様性」です。

第二・三章では、発達の「連続性」に焦点をあてました。ヒトは身体を持ったその瞬間、つまり、胎児の頃から環境との相互作用を重ね、身体の制約に基づいて意味ある情報を選択し、構造化していきます（知性の獲得）。また、胎児期から乳児期にかけては、とくに身体を介した触覚経験が、この時期の脳と心の発達を大きく支えることも見てきました。

他個体の身体と接触する経験、いわゆる触れ合いは、この時期の発達にきわめて重要な役割を果たすだけでなく、その後の脳と心の発達にも影響します。また、触れ合いの経験を積み重ねていくことで、子どもの脳と心はもちろん、養育者の側の脳と心にも柔軟に変化が生じることもわかってきました。

発達初期に、他者と身体を接触させることがなぜ重要なのでしょうか。それは、自分の身体についての統一的な感覚、自己身体感覚を獲得するには、他者との身体接触が不可欠だからです。

身体感覚には、大きく分けて三つありました。自分の身体の内部状態の変化を感じる内受容感覚（内臓感覚）、自分の身体の動きを感じさせる筋・骨格系、平衡感覚からなる自己受容感覚、そして身体の外側にある環境から得る感覚（視覚・聴覚・触覚・嗅覚・味覚）の外受容感覚です。このうち触覚は、内受容感覚と外受容感覚の情報をつなぐ重要な役割を果たします。

ヒトは出生直後から、他の動物種では見られない独特のはたらきかけを養育者から受けて育っていきます。養育者は、多くの感覚情報をとても積極的に提供するのです。乳児は、抱かれ、授乳されると身体内部に心地よい変化を感じる（内受容感覚）と同時に、目を見つめられ、多様な表情変化を見せられ、声をかけられながら、養育者の匂いを感じる（外受容感覚）経験を得て育ちます。こうしたヒト特有の環境は、内受容感覚と外受容感覚の統合を促し、ヒト独自の脳と心を生み出します（図3－3参照）。

ＡＩは、身体を持っていません。また、現在のＡＩを搭載したロボット開発においては、外受容感覚や自己受容感覚にあたる感覚器を埋め込むことに力が注がれています。他方、内受容感覚については、それを埋め込んだロボット開発は世界的にもほとんど行われていません。ヒトが持つ三つの身体感覚、そしてそれらを統合処理するシステムは、今のロボットにはないのです。

ヒトの見た目、姿に似せたヒューマノイド・ロボットに、ヒトの外受容感覚を模した精密センサー（画像や音声処理など）を搭載する試みはすでに行われています。しかし、こうしたロボットが、対人場面でうまくふるまえる心を自律的に獲得していくことはないでしょう。先に述べたように、内受容感覚はヒトの身体感覚の中枢であり、そして、主観的に自己の感情に気づくことのできるヒト特有の自己意識の発達基盤です（図３−５参照）。**内受容感覚が果たしている役割を考慮せずに、対人場面において相手の痛みや喜びといった感情を適切に予測、共感しながら、柔軟にふるまえるＡＩロボットを開発することはとても難しいのです。**

また、現在のロボット開発においては、「環境情報の入力→脳内システムで処理→出力」という一方向的な関係（閉鎖系）が想定され、固定的に進んでいくシステム設計が主流となっている点も、身体を持たないＡＩが苦手とする情報処理の側面と密接に関連します。生物の身体と環境との相互作用が生み出す生体システムは、後の相互作用のシステムそのものも連続的に変えていくからです（開放系モデル、図４－19参照）。

情報は、無秩序なままでは意味をなしません。環境に主体的にはたらきかける身体は、物理的制約を持つ実在です。環境との相互作用において情報は身体のふるまいにかけられ、その身体を持つ個体にとって意味あるものとして体系化、構造化されていきます。そして、それはさらなる相互作用へと影響していくのです。

知性を自律的に創発、発達させる技術開発、ロボットとヒトとの共生社会の実現は、身体性に基づく発達の連続性を考慮することなくしてあり得ないはずです。

†ヒトから信頼されるロボットとは

ヒトに役立つツールとしてのＡＩだけでなく、ＡＩを搭載したロボットをヒトと共生させる社会が目指されている今、その前提として問われるべきは、「ヒトはロボットを信頼できるか」という点です。

まずは、ヒトにとって信頼できる相手とはどのような存在なのかを考えてみましょう。

これは、逆に信頼できない相手とはどのような存在なのかを考えてみるとわかりやすいと思います。見慣れない人、裏切られたり、騙されたり、不意を打つような態度をする相手と接すると、私たちは不安や恐怖、怒りを感じます。私たちが信頼できる相手とは、こちらがぎょっとしない見た目やふるまい、期待どおりの応答をかなりの確率で返してくれる存在ということになります。

この事実は、第三章で紹介した、「誤差検出―予測の修正―更新」という情報処理のしくみ、内部モデルに当てはめて解釈してみるとわかりやすいでしょう（図3-6参照）。私たちの脳は、内部モデルに基づいて相手のふるまいをつねに予測しています。相手のふるまいの予測と実際の結果との間に生じる誤差を検出し、その修正を随時行い、予測を更新しながら柔軟に対応しているのです。それがうまくいけば、コミュニケーションは円滑に進みます。誤差がさほど大きくならない（予測から大きく逸脱せず、誤差修正が容易な）相手に対しては問題は起こりませんが、この誤差があまりに大きくなりすぎる（誤差修正が難しい）と、強い不安を覚えます。

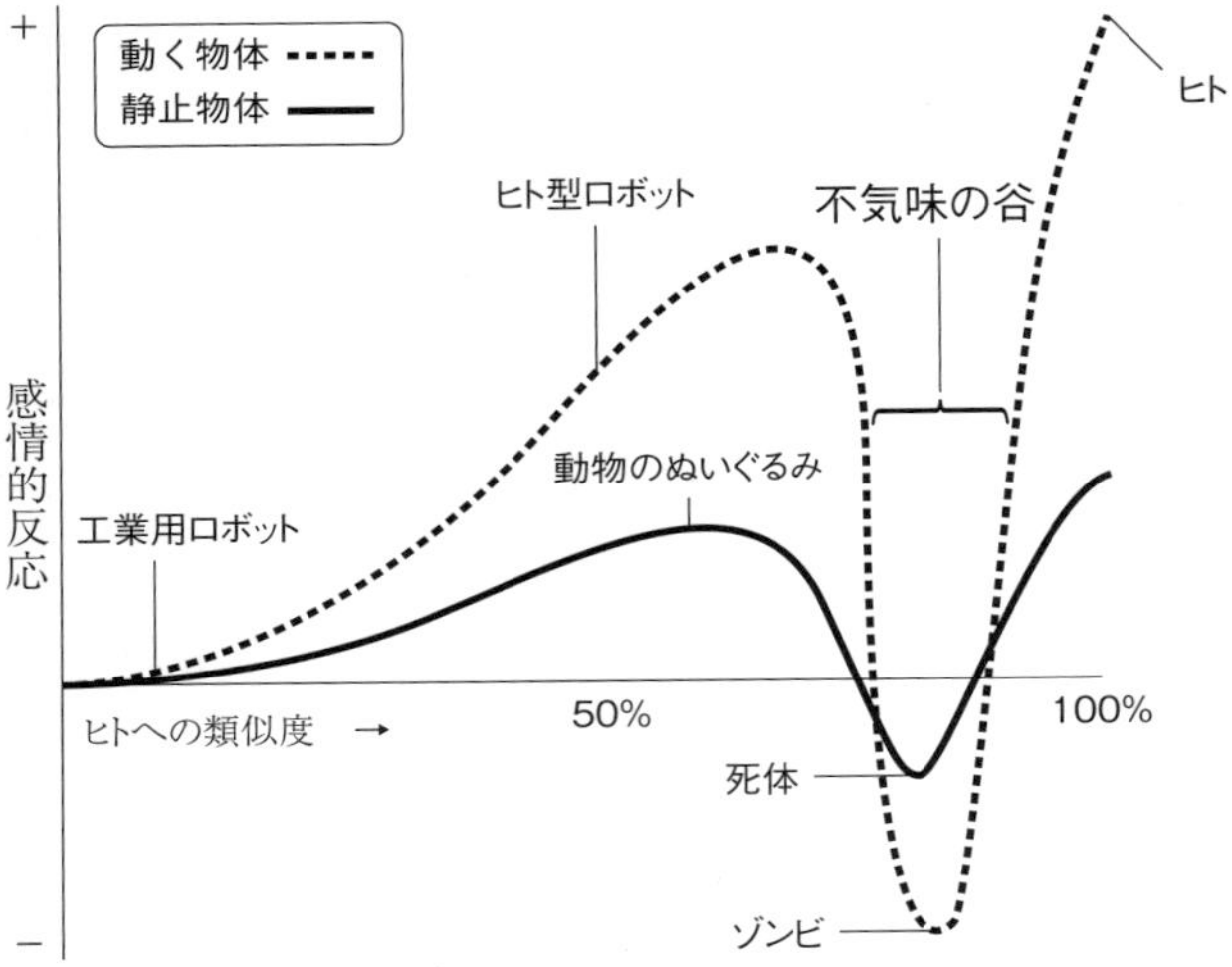

図6-4　森博士による「不気味の谷」仮説。ロボットやアバターがヒトに近づくにつれ、好感度は上昇していくが、ある時点で突然嫌悪が生じる（不気味の谷）。その後、さらにヒトへの類似度が高まるにつれ、再び好感度が上昇する。静止している対象よりも、動く対象のほうが不気味さが高まる（Mori, 1970 をもとに作成）

†ヒトという存在の境界線

対人内部モデルに関連する、よく知られた現象があります。ロボット工学者の森政弘博士（一九二七〜）が一九七〇年に提唱した仮説、「不気味の谷」現象です（図6－4）。見た目やふるまいが「中途半端にヒトに近い」対象であれば（ヒト型ロボットや動物のぬいぐるみ）、私たちはそれらに好感を覚えますが、その類似度が高まってくると、ある時点を境に急に強い嫌悪感が生じるのです（アバターやゾンビ）。そして、ヒトと見分けがつかないほどに見た目やふるまいが近くなると、再び好感度が高まり、ヒトと同じように親近感を覚える、森博士はこう予想しました。森博士が「不気味の谷」現象を唱えた当時は、ヒトに類似したロボットを作ることがまだ難しい時代でした。しかし、森博士は、ヒトにはそうした心的傾向があることをすでに見抜いておられたのです。

不気味の谷現象は主観に基づいた説明であったため、しばらくは仮説のひとつとして認知されるにすぎませんでした。しかし、二〇一一年、アメリカの研究者たちによってそれは科学的に裏づけられました。

この実験は成人を対象に行われました。外見や動作が機械的な（ヒトとは類似性が低い）ロボット、ヒトそっくりの外見をしているがふるまいが機械的なアンドロイド、実際のヒトが行うふるまい、の三種類の映像を観察しているときの成人の脳活動がｆＭＲＩによって計測されました。その結果、機械的なロボットと実際のヒトのふるまいを観察しているときの脳活動に違いは見られませんでした。しかし、アンドロイドのふるまいに対しては、ある特徴が見られました。アンドロイドを見ているときは、頭頂葉領域、とくに視覚野の身体動作を処理する部位と、運動野とを結ぶ領域の脳活動が他の二つのふるまいを見ているときとは異なっていたのです。この実験を行った研究者らは、アンドロイドというヒトに類似した見た目と、ヒトらしくないふるまいとの間に生じた不一致（予測誤差）を修正できなかった結果だと解釈しています。

†映画『ファイナルファンタジー』

余談となりますが、「不気味の谷」現象に関連する逸話をひとつ紹介しましょう。

二〇〇一年、アメリカのスクウェア・ピクチャーズが制作した『ファイナルファンタジー（Final Fantasy）』が公開されました。ファイナルファンタジーは、世界初の本格三次元CGによるSF映画で、世界中の注目と期待を集めました。実際、公開初日から数日間は大きな反響がありました。しかしその後、人気は急激に低迷、映画史に残る大失敗に終わったのです。一五六億円をかけて制作されたこの映画の興業収入（全米）は三六億円、結果として一〇〇億円を超える大赤字となってしまいました。

ファイナルファンタジーの売りは、リアリティの追求でした。登場人物のしぐさや表情、自然な空気はすべてCGで表現されました（図6－5）。俳優不要を謳《うた》った映画だけあって、たしかに本物のヒトと見間違うほどのリアルな写実です。しかし、映画を見てしばらくすると、登場人物の動きの微細が何となく気になり始めるのです。肌の表面に本来あるべき質感のようなものが感じられない。目や唇、体全体の動きにむだな感じがなさすぎる。ファイナルファンタジーが興行成績という点で大失敗に終わった原因には、視聴者の多くがこうした違和感を抱いたことが一因したと言われています。不気味の谷を乗り越えることができなかったようです。

†内部モデルの形成──「人見知り」現象

図6-5　映画『ファイナルファンタジー』のワンシーン（©2001 FFFP www.FF-movie.net.）

今度は、対人内部モデルが形成されるプロセスについて、乳児に特徴的な行動を例にあげて見ていきましょう。

生後半年を過ぎる頃、乳児は見知らぬ相手に対して「人見知り」を始めます。人見知り現象は多くの乳児で起こりますが、その現れ方には個人差が大きく、時期や程度もさまざまです。多くの場合、人見知りはある時期を過ぎると自然と消えますが、人見知りを長期にわたり引きずる子どもも少なくありません。また、兄弟姉妹であっても人見知りの強弱は一貫していません。こうした不思議な現象である人見知りのメカニズムは、実はまだよくわかっていないのです。

ところで、人見知りの出現を「他人と第一養育者（多くの場合母親）とを区別できるようになった証拠」と説明される場合がありますが、それは誤りです。これまでの研究で、ヒトは生後二カ月までには養育者とそれ以外の他者の顔を区別することがわかっています。生後半年を過ぎる頃から見られることの多い人見知りは、養育者を他者と区別できるようになることとは異なる心的メカニズムによって生じている可能性が高いのです。

内部モデルに話を戻しましょう。乳児にとってもっともなじみある他者は、多くの場合母親です。乳児はまず、母親との間で経験学習してきた相互作用に基づいて「誤差検出─予測の修正─更新」のモデルを形成していきます。しかし、そのモデルは、誰に対しても当てはまるわけではありません。母親との相互作用経験に特化して形成されたモデルですから、母親以外の者の見た目やふるまいに対しては予測誤差が生じやすくなります。母親特化型のモデルを形成している最中には、それ以外の者に対する誤差修正とそれに基づく更新が難しいため、人見知りという不安表現が顕著に現れると考えられます。

この見方にそって私たちが行った実験を紹介します。従来、人見知りは、単になじみのない人を怖がっていることだと解釈されてきました。しかし、乳児の人見知りをよく観察してみると、快と不快の感情が入り混じった、はにかむような表情を見せています。また、母親にしがみついて泣きじゃくっている間も、相手を凝視し続けるという一見矛盾したふるまいが多く見られます。乳児は、見知らぬ相手をただ怖がっているだけではないようです。単に怖いだけならその相手を見なければよいのに、なぜ乳児は見続けようとするのでしょうか。内部モデルの考え方に照らしてみると、その不思議な行動が理解できます。

実験では、生後七〜一二カ月の乳児を対象に、乳児の気質に関する質問紙調査と視線反応の計測を行いました。質問紙調査は母親に回答を依頼し、乳児の「人見知り度」を回答してもらいました。乳児の人見知り度に対する回答と月齢との関係を調べたところ、人見知りが現れたと母親が感じた時期はさまざまで、やはり個人差が大きいことが確認できました。

乳児の気質に関する質問紙調査では、乳児の「怖がり」度と相手へ「接近」度の両方の気質を調べました。相手に「近づきたい（接近行動）―離れたい（回避行動）」は相反する身体、心理状態に基づくもので、動物の基本行動です。これらの行動をそれぞれ動機づける気質が「接近」と「怖がり」です。

調査の結果、人見知りが強いと評定された乳児は、「接近」と「怖がり」両方の気質がともに強いことが示されました（図6－6）。相反する感情が同時に喚起され、そのいずれかを選択して行動する意思決定に迷いが生じることを「葛藤」と言いますが、人見知りの強い乳児は、「近づきたい—離れたい」という心の葛藤を強く生じさせているようなのです。

次に、乳児が相手（母親あるいは見知らぬ他者）に対して、どのように視線を向けているかを調べてみました。母親の顔、見知らぬ他者の顔、そして、母親と他者の顔を半々の割合で合成して作った「半分お母さん」顔を用意し、それぞれが中立表情から笑顔へと変化していく動画を乳児に見せました（図6－7）。

おもしろい結果が得られました。人見知りの強い乳児と弱い乳児との間には、三種類の顔への注視パターンに違いがなかったのです。人見知りが強かろうと弱かろうと、半分お母さんの顔はあまり見なかった一方、母親の顔と同じくらい他人の顔はよく見ました。人見知りの強い乳児は見知らぬ他者を見たくないのだと思われがちですが、実際にはそうではなく、他者の顔もよく見ているのです。この結果は、先ほど示した強い接近気質と関連すると思われます。

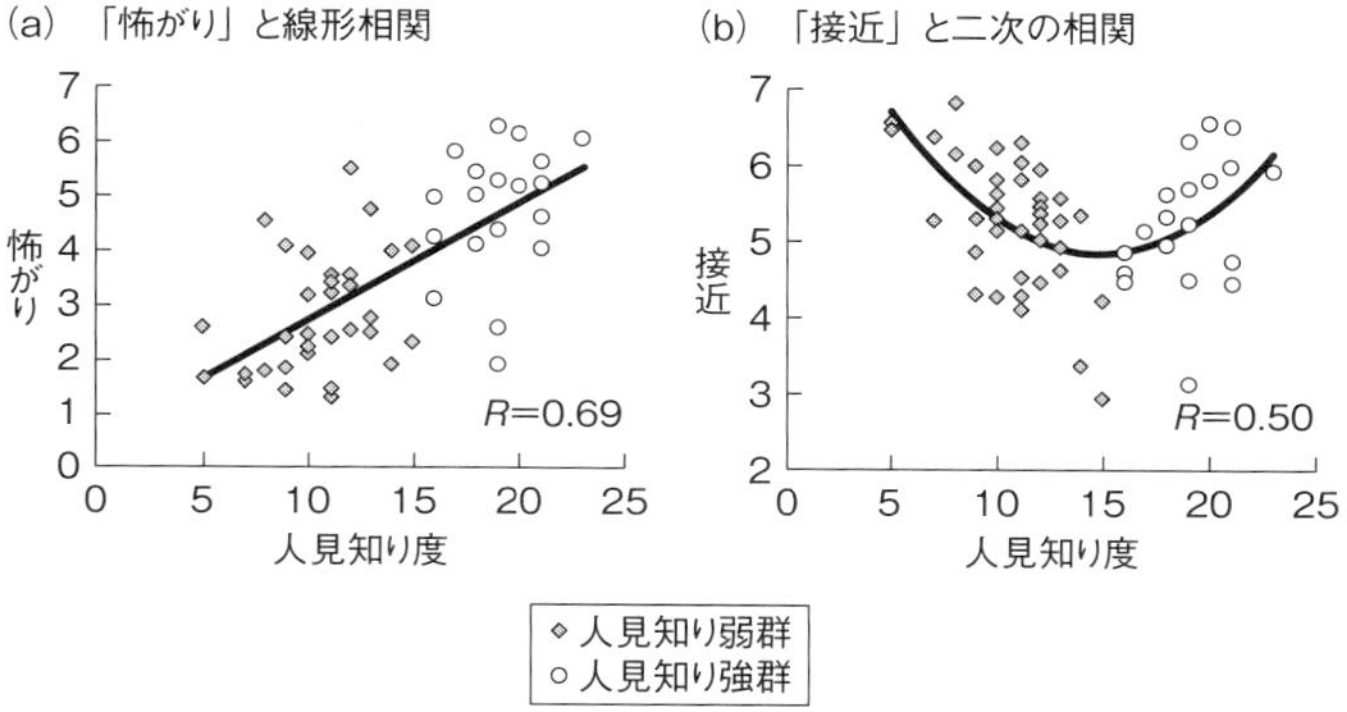

図6-6　乳児の気質（怖がり・接近）と人見知りの強弱の関係。人見知りが強い乳児ほど相手を怖がる気質が強かった（a)。また、人見知りが非常に強い、あるいは非常に弱い乳児の両方が、相手に接近する気質が強かった。人見知りが中程度と評定された乳児は、接近する気質が低かった（二次の相関・[b])。人見知りの強い乳児は、「怖がり」と「接近」の相反する気質を両方強く持っていることがわかる。Rは相関係数（Matsuda et al., 2013）

図6-7　モーフィング合成による「半分お母さん」顔の一例（a）他人と（c）母親の顔写真を50%ずつの混合比率でモーフィング合成したものが（b）半分お母さんの顔（Matsuda et al., 2013をもとに作成）

乳児が他者の顔のどのあたりに注意を向けていたのかについても調べてみました。顔を目、鼻、口のパーツに分け、それぞれのパーツに対する注視割合を調べてみたところ、人見知りの強い乳児は、相手が母親であっても見知らぬ他者であっても、最初に目の部分を凝視していたのです。

人見知りの強い乳児は、その態度とは裏腹に、見知らぬ相手の顔に強い関心を示し、さらに目にも敏感に反応しています。そこにはどのような心理状態があるのでしょうか。

そこで、次のような実験も行ってみました。乳児を見つめている目を持つ顔（正視顔）と、目を逸らしている顔（逸視顔）を左右に並べて見せたところ、人見知りの弱い乳児は正視顔のほうを長く見たのです。反対に、人見知りの強い乳児は逸視顔を長く見ていました。（図6－8）。人見知りの弱い乳児は相手との視線のやりとりを通して積極的にコミュニケーションを図ろうとしているのに対し、人見知りの強い乳児では、自分を見ている相手よりも目を逸らしている相手のほうをよく観察しようとするのです。「近づきたい、でも怖い」。一歳前にみられる人見知りの背景には、こうした心の葛藤があるようです。

内部モデルの考え方によって、人見知りの個人差も説明できます。人見知りの強い乳児は、母親との相互作用経験に基づく内部モデルの形成が早くに進んでいるとみられます。

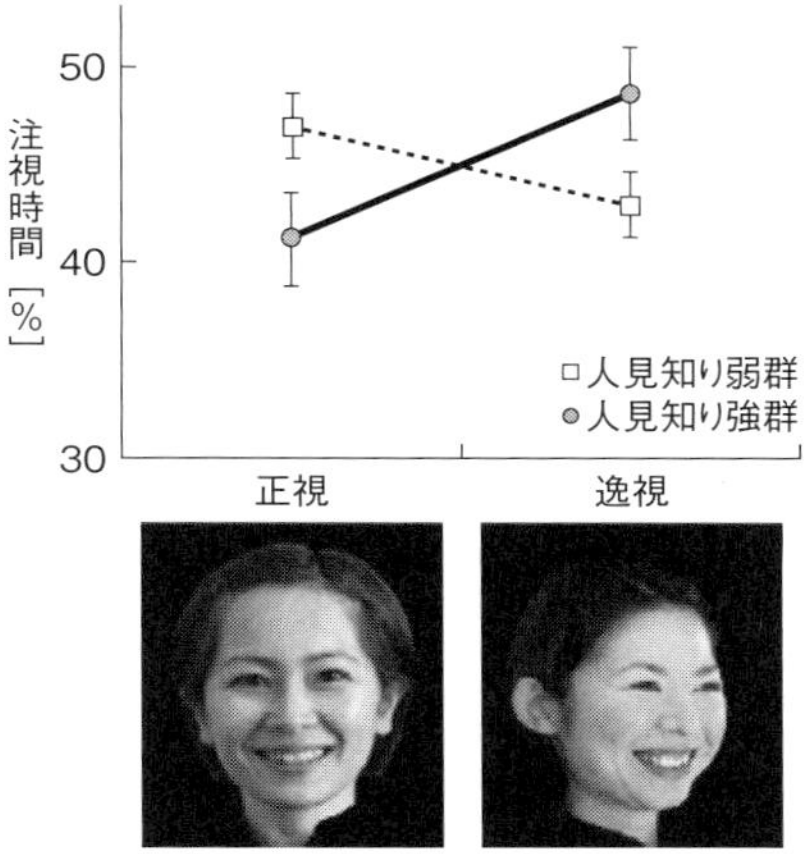

図 6-8　乳児がみせた顔の向きの選好。人見知りが強いと評定された乳児（●）は、正視顔よりも逸視顔をよく見た。人見知りの弱い乳児（□）は、正視顔のほうを逸視顔よりも長く見た。平均注視時間±標準誤差（注視時間には個人差があるため、個人の総注視時間を 100 としてそれぞれの割合%算出。正規分布化のため逆正弦変換を適用（Matsuda et al., 2013）

母親に特化した内部モデルが成熟しているがゆえに、母親以外の他者に対する予測誤差が大きくなり、怖い感情が沸き立ちやすくなります。また、その誤差を修正、更新しようと、怖いながらも他者から情報を多く得ようと注意を向け続けると解釈できます。

†未来の対人内部モデル

仮想空間と現実空間を高度に融合させた社会、Society 5.0 の実現を目指す動きは、今後も加速度的に進んでいくことでしょう。ホモ・サピエンスが二〇万年適応してきた環境が大きく変わっていくことは間違いありません。

では、これから生まれ育つことになる子どもたちの脳と心の発達はどうなるのでしょうか。ロボットと共生する社会が現実となり、ヒトとは異なる身体感覚をもつ存在と接しながら育つと、子どもたちは、どのような内部モデルを形成することになるのでしょうか。今を生きている私たちがもつ対人内部モデルとは大きく変わらないままなのでしょうか。あるいは、それとはずいぶん異なる、新たな内部モデルを形成することになるのでしょうか（図6-9）。

ロボットではありませんが、生まれたときからイヌなどのペットとともに育ち始める子

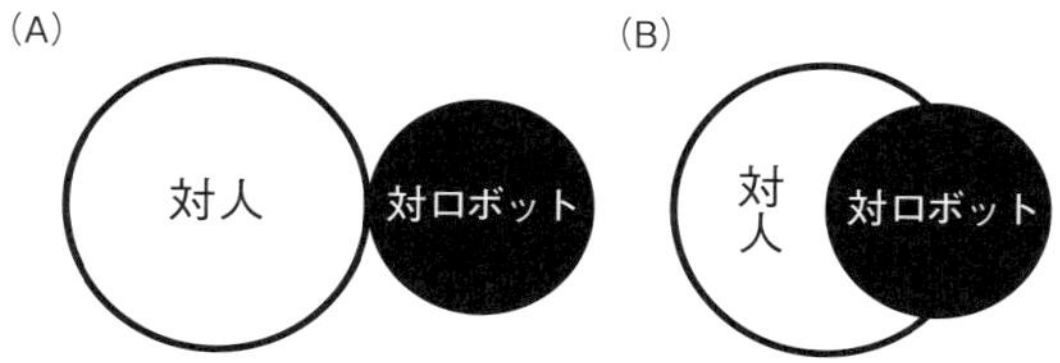

図6-9　ヒトに類似してはいるが、ヒトのような身体感覚をもたないロボットと共生して育ち始める子どもたちは、対ロボット内部モデル（●）を、（A）対人内部モデル（○）と独立させて新たに形成するのだろうか。あるいは、（B）対人内部モデルと融合させながら形成していくのだろうか

どもは多くいます。しかし、そうした場合でも、養育者とイヌはかなり異なる見た目、ふるまいをします。おそらく、乳児はイヌにはイヌに対して、養育者には養育者に対して（大きくなるにつれてヒト全体に対して）、個別の内部モデルを形成していくのだと思います。ですから、それぞれのふるまいに対する予測に混乱は生じないのでしょう。

ヒトとは似ていない、あくまでも機械だと明示するような形やインターフェース、ふるまいをするロボットであれば、未来の子どもたちは、ヒトのものとは一線を画した新たな内部モデルを形成していく可能性が高いと思います。しかし、今後、見た目やふるまいがヒトにきわめてそっくりなロボットが開発され、生まれた時からそうしたロボットと日常を共有しながら育つと何が起こるのでしょうか。

あくまでも私見ですが、可能性としては大きく二つあるように思います。ひとつは、ヒトとロボットの類似度が高まっていくと、両者の違いの検出がいっそう敏感に行われるようになり、その結果、対人モデルと対ロボットモデルは今後も一線を画し続けていく可能性です。もうひとつはそれとは反対に、既存の対人モデルは対ロボットモデルとしだいに融合していき、両者の間にある「不気味の谷」そのものが緩やかになる、あるいは消失してしまう可能性です。

前者の場合、内部モデルの予測誤差検出の閾域が狭まりますから、ヒトの見た目やふるまいにいっそう過敏になることが予想されます。そうすると、子どもたちにとって日常的に経験することの少ない相手、たとえば異なる人種や文化に属する他者に対しては、身近な他者との違いがより強く感じられるようになるでしょう。多様な他者と円滑にコミュニケーションすることは、これまで以上に難しくなる（予測誤差が大きく、修正が困難になる）可能性があります。また、後者が実際に起こっていくと、ヒトがこれまでとは異なる情報処理に基づいて他者と関わる生物となる可能性も否定できないように思います。

ヒトを含む生物は、環境内の未知な対象を敏感に検出し、すばやく知覚する処理システムを獲得することで生存可能性を高めてきました。しかし、未来の子どもたちにとって、未知の対象とそうでない対象との間の境界線が曖昧になってしまったとき、こうした知覚処理システムは、もはや彼らにとって適応的な形質ではなくなってしまう恐れもあります。

いずれにしても、出生直後から他者の身体を媒介とした経験を積み重ねることによって形成されるヒトの内部モデルに、ＡＩロボットとの共生が今後大きな影響を与えることは間違いないでしょう。

†コミュニケーションを「持続したい」と思える相手

ここまで、社会的コミュニケーションが成立する要件を、内部モデルの考え方に基づいて説明してきました。これに加えて、もうひとつ重要な点があります。それは、相手との関係を持続したいと思う「動機」です。

逆説的ではありますが、相手に対する予測がつねに一定であり続けると、私たちの脳は、それに「飽きてしまう」という性質も持ち合わせています。言いかえると、**相手とコミュニケーションを図りたい、持続したいという動機を高め、持続させるには、そのやりとりの予測が（誤差修正が可能な範囲で）適度に「ゆらぐ」必要があるの**です。

何かをしようとするとき、脳は、それがもたらす価値も予測します。そしてその価値づけが高まらない限り、行動を起こす動機は高まりません。こうした価値づけのことを、神経科学の分野では「報酬」と呼んでいます。

ヒトを含む動物は、ある欲求が満たされたとき、あるいは満たされることが予測できたときに、快の感覚を活性化させます。ここでいう欲求とは、食物や体温調整といった生物学的、短期的なものから、褒められたい、愛されたいといった社会的、長期的なものまで幅広い範囲を指します。脳は、より多くの報酬を得るために報酬を予測し、それに基づいて行動選択を行います。つまり、報酬系の内部モデルが、環境への適応、学習を方向づけるのです。

社会的コミュニケーション場面において、相手から同じ反応が繰り返し行われるだけでは、関係を持続したいという動機が低下していくことはよく知られた事実です。わかりやすい例のひとつは、一時期流行したペットロボットのＡＩＢＯです。一見、子犬にとてもよく似ていてふるまいもかわいいと思われましたが、ＡＩＢＯの応答パターンには限界があったことからしだいに販売数は減少し、二〇〇六年には製造中止となりました（この反省をふまえて、よりリアルにイヌ感を高めた商品がａｉｂｏの名で売り出されています）。

先述のように、私たちは内部モデルに基づき、相手がどのようなふるまいを返してくれるかを脳内でつねに予測しながらふるまっています。その中で、予測以上の報酬が相手から得られれば（報酬予測誤差がプラスであれば）動機は高まり、予測以下の報酬しか得られなかった場合（予測誤差がマイナスであった場合）には動機は低下します。また、予測と同じ報酬が得られ続けた場合には飽きてしまいます（図6-10）。

この報酬予測の原理にしたがえば、ヒトがロボットとコミュニケーションする動機を高め、持続させるためには、予測以上の報酬をもたらす応答が得られること、つまり、A→Bというお決まりの流れではなく、適度にゆらぐ応答を継続する必要があるのです。

†相手とのキャッチボールには変化球が必要

相手を信頼しながら、コミュニケーションを持続したい、こうした円滑な関係を築く鍵は、「感情のキャッチボール」にあると思います。

第三章で説明しましたが、一般的に感情と呼ばれるものは、大きく二つに分けられます。ひとつは、身体の内部状態の変動によってもたらされる無意識な「情動（emotion）」、もうひとつは、意識可能な「感情（feeling）」でした。前者の情動（emotion）は、自律神経系の反応によって生じる無意識の生理的変化で、例えば恐怖を感じるときには自然と心拍数が上昇し、瞳孔が大きくなります。他方、後者の感情（feeling）は、そうした生理反応が生じた原因を主観的に推定する意識的体験でした。つまり、感情が意識にのぼるという

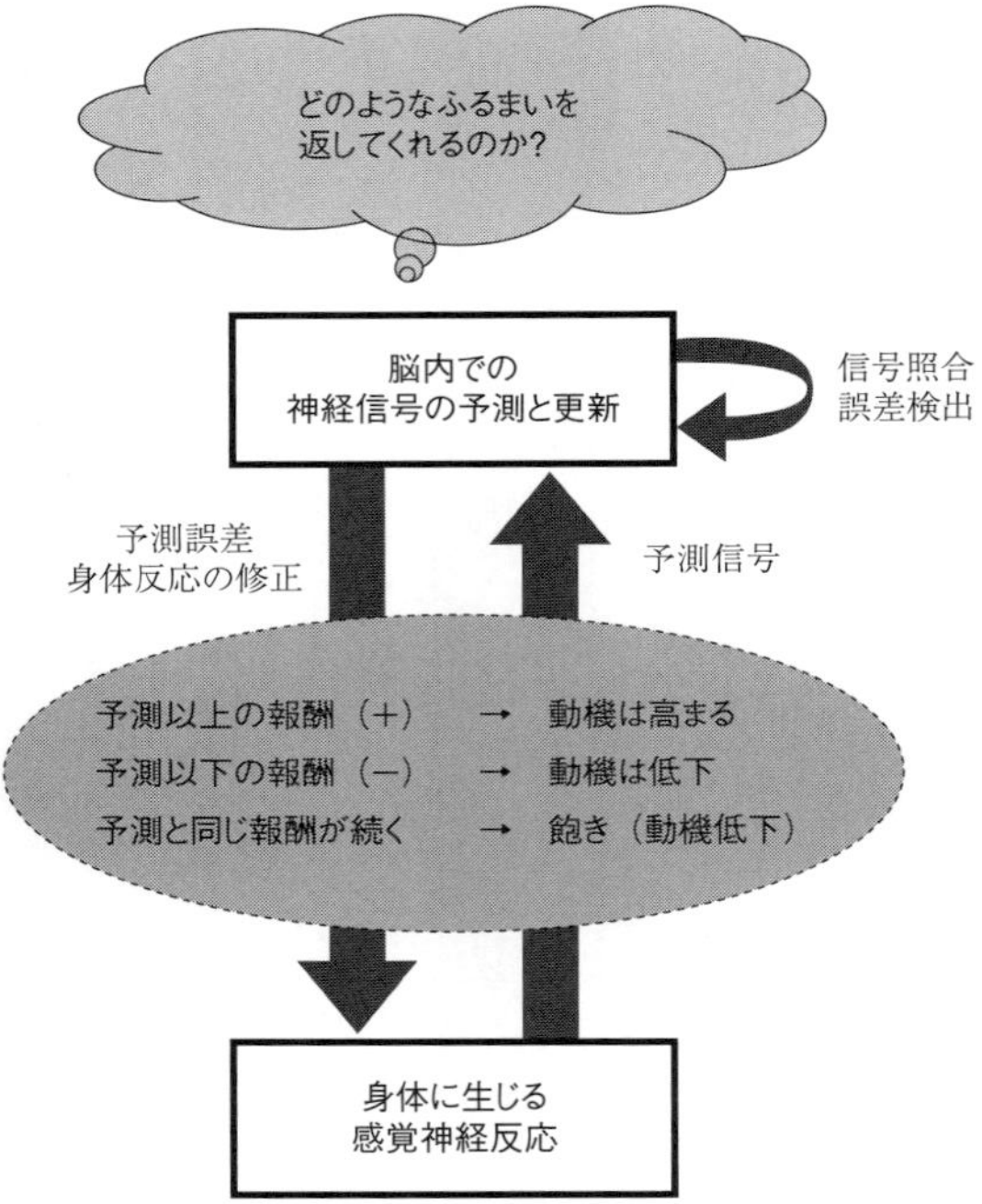

図 6-10　内部モデルの制御は報酬系の影響を受ける

ことは、生理反応が生じた前後の文脈から、脳がその原因を解釈した結果です。そして、後者の感情は、ヒトが独自にもつ心のはたらきでもありました。

社会的場面に話を戻すと、私たちは、相手の身体生理反応を観察し、その情動情報を前頭前野で意識的に推論し、相手の感情を読もうとします。そして、それに適したフィードバックを相手に返します。フィードバックを受けた者は、その明示的な情報によって自分の生理状態が意識化され、自分の感情に気づくのです。

感情への気づきは、生後の他者との相互作用経験なしには起こりません。思考実験ではありますが、生まれてから誰とも接することなく育った子どもは、相手から自分の生理反応を観察され、フィードバックを受ける経験が得られないため、生理反応が生じた原因を意識的に推定して自己の感情に気づくことはできないでしょう。

では、なぜ他者との感情のキャッチボールが社会的関係を持続させるために必要かというと、報酬予測の誤差を生じさせるのが感情だからです。私たちは、相手から共感的な感情を示されれば嬉しいし（+の予測誤差）、相手と自分の感情がミスマッチとなった場合、不安や憤りを感じます（－の予測誤差）。しかし、後者であっても、その誤差がプラス方向に修正できた場合には報酬を得られます。逆に、どのような文脈でも相手からお決まりの

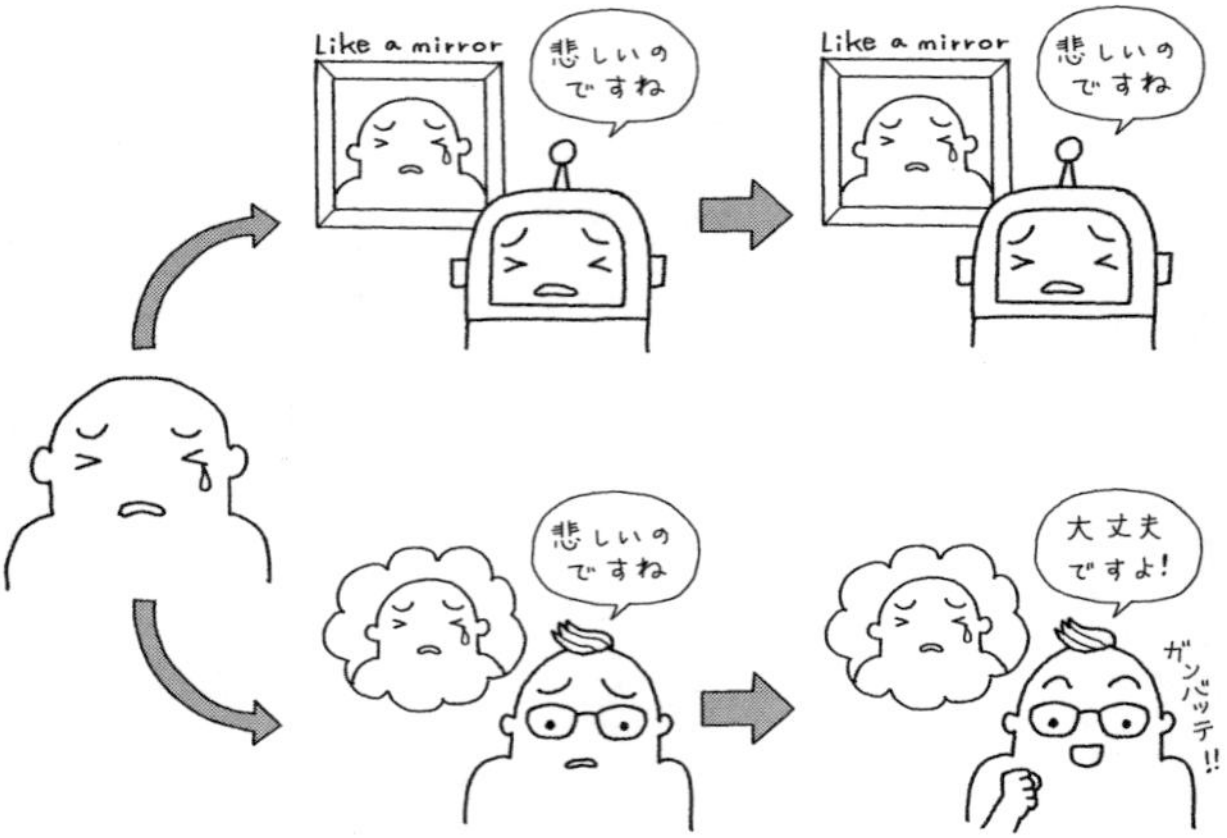

図6-11　あなたなら、どちらのフィードバックを与えてくれる相手と関係を持続したいですか？

フィードバックしか受けられない状態（直球のみ）が続けば報酬は得られず、関係を持続したいという動機はしだいに低下していきます。

現在開発が進んでいるＡＩロボットは、ヒトの生理反応を（ヒト以上に精緻に）検出し、その情報を符号化、可視化してヒトにフィードバックできるようです。しかし、それだけでは不十分です。こうしたロボットがヒトに対して行うフィードバックは、ヒトの生理反応から推定された感情信号を「鏡のように」反射し返しているにすぎません。これでは、報酬予測の誤差―修正というダイナミックな変化、適度な予測のゆらぎを含む持続可能なコミュニケーションは期待できないのです（図6-11）。

繰り返しますが、感情を主観として意識化することを可能にするのは、内受容感覚と外受容感覚の統合です。「ドラえもん」が周囲の人に信頼され、愛されるのは、彼がお腹がすく、暑いと感じる、イライラする、といった身体内部の感覚を外受容感覚と統合させ、意識している存在だからです。外受容感覚に偏った身体感覚しか持たないロボットは、見た目がどれだけヒトに近くても、三つの身体感覚をもつヒトと真の意味で信頼関係を結び、関係を持続していくことは難しいと思います。

ヒトという生物の本質、すなわち「ヒトに知性が生まれ、発達していく生体システムはどのようなものか」を実際に作ってみることによって明らかにしようとするアプローチ、構成論的アプローチと呼ばれる研究分野があります。これにより、ヒトの発達原理が科学的に解明されれば、きわめて大きな学術上の貢献となります。そして、近い将来、内受容感覚をもち、さらには身体内部の生理状態の変化を感情として主観的に体験できるロボットが誕生するかもしれません。

しかし、それをヒトの生きる環境でどう使うかという問題となると、話は別です。ヒトという存在の科学的理解を目指すことと、その知識を中途半端に技術に応用し、社会実装することとは分けて進めなければなりません。

†脳の感受性期を考慮した環境設計を

ヒトの脳と心の発達の本質である「多様性」についても、人類の未来環境と結びつけて考えておきたいと思います。

第四章で、ヒトの脳は右肩上がり、線形的に発達するものではなく、環境の影響をとりわけ強く受けやすい特別の時期、感受性期に集中して発達することを述べました。脳の感受性期の開始と終了のタイミングは脳部位により異なっていて、視覚野や聴覚野では発達初期に始まり、生後八年までには終わる一方で、前頭前野の感受性期は二五歳あたりまで続きます。

環境の影響をとくに受けやすい脳の感受性期は、言いかえると脳の発達が可塑的な時期でもあります。第五章で見たように、不適切な環境に置かれると、脳はダメージを受けやすくなりますが、同時に、環境を適切に整えることで脳の回復を効果的に高めることも期待できます。また、早期の脳の感受性期は、後の脳発達にも大きく影響し、思春期にさまざまな精神疾患が集中して顕在化する事実と密接に関連することも見てきました。

ヒトの脳の感受性期を正しく理解し、早期から療育や発達支援、教育的介入を行うことはたいへん有効です。また、図5－13で示したように、個々の脳がどの時期にどのような軌跡をたどって発達していくかを科学的に明らかにすることによって、それぞれの発達特性に応じた個別型の療育、発達支援法の提案も期待できるでしょう。ヒトの脳の感受性期についてはまだまだわかっていないことが多いのですが、科学的解明が大きく期待される研究分野なのです。

このように、脳の感受性期とは、環境の影響を受けて発達の軌跡が多様となりやすい時期です。それは、**脳が集中的に発達するこの特別な時期に、子どもたちにどのような環境を提供していくかが人類の未来を大きく左右する**ことを意味します。

Society 5.0の柱ともなっていますが、私たちが生きている環境は、現実（フィジカル）と仮想（サイバー）が交錯、融合した、新たな時空間へと変化を遂げつつあります。VR（仮想現実・バーチャルリアリティ）やAR（拡張現実・オーグメンテッドリアリティ）技術の開発、普及が進み、仮想空間での体験は、現実空間でのそれと区別できないレベルにまで達しようとしています。仮想空間では、ある感覚器官から得た情報を別の感覚情報に変換したり、感覚のオンオフといった時空間関係を調整したりすることさえできます。

シンギュラリティが現実となるかどうかは別として、今後もヒトを取り巻く環境のデジタル化が加速度的な勢いで進むことは間違いないでしょう。私がここで主張したいのは、AI技術の否定ではありません。AIは、私たちの生活にきわめて大きな恩恵をもたらしてくれています。AIが社会に多大な便益をもたらす可能性は計り知れません。

しかし、ひとりの発達科学者として、未来に生きる子どもたちの脳や心に思いを馳せずにはいられないのです。わずか数十年という短時間に劇的に変化し続けてきた環境に、数百万年という長い時間をかけて獲得してきた身体がただちに適応できるはずはありません。本書で述べてきたように、ヒトを含む生物の身体は、他個体をはじめとする環境と動的に相互作用を繰り返しながら、脳と心を連続的に発達させていきます(第二・三章)。とくにヒトでは、身体が経験する環境によってその発達軌跡は多様となり(第五章)、その多様性がとくに現れやすい脳発達の時期(感受性期)というものがあります(第四章)。こうしたことを考えると、短期間で激変し続ける環境の中で育っていく次世代の脳や心の発達に、何かしらの影響が生じる可能性は無視できないのです。

†仮想世界で脳はどのように発達するのか

先日、ＡＩが搭載されたモニターつきスピーカーを使って楽に子育てする未来を描いた広告を見かけました。「赤ちゃん寝かしつけて！」とスピーカーに向かって言うと、スピーカーから子守歌が流れ、モニターからは女性が笑顔で乳児に微笑みかけます。

今の日本社会は、八割以上が核家族です。多くの場合、母親が育児を担っていますが、子育てに関する知識を気軽に教えてもらえたり、心身を支えてくれる者がいつもそばにいる方はそう多くはありません。母親たちは、インターネット上に氾濫する科学的根拠のない子育て情報に翻弄され、不安をかき立てられ、過剰なストレス状態にますます陥りがちとなります。こうした負のスパイラルは、生後一年未満の乳児を子育て中の母親の八割以上がうつの一歩手前にあるという驚くべき報告（ＮＰＯ法人マドレボニータ、二〇一六年）にも現れているようです。

こうした現状において、子育てを少しでも楽に行いたい、自分の時間を持ちたいと願うのは当然です。ＡＩを活用した子育て技術の開発は、孤立育児に悩む親の需要と相まって今後も飛躍的に成長する分野のひとつでしょう。

しかし、お気づきでしょうか。先ほど紹介したＡＩロボットのはたらきかけによって乳児が経験するのは、視覚情報と聴覚情報だけです。それは、現実空間でのヒトの親子のや

図6-12　養育者から乳児への仮想空間（右）でのはたらきかけは、現実空間（左）のそれとは大きく異なる。現実空間では、乳児は内受容感覚と外受容感覚の統合を促す経験を提供されるのに対し、仮想空間では視覚や聴覚などの外受容感覚に偏った経験を得る

りとりとはずいぶん異なっています（図6-12）。

第三章で触れましたが、乳児がぐずると、養育者は乳児を抱き、授乳し、オムツを変えます。同時に、目を見つめ、微笑みながら声をかけます。親子の身体を介した多感覚からなるコミュニケーション、それがヒト独自の育児スタイルです。乳児は、養育者の顔（視覚）や声（聴覚）だけではなく、養育者がもたらす身体内部の心地よさ（内受容感覚）を同時に感じます。それらが結びついて学習、記憶されることで、アタッチメントは形成されていきます。現実空間において他者との身体経験を積み重ねながら、ヒトは三つの身体感覚を統合させ、さらにヒト特有の主観的な感情への気づき、自己意識を創発・発達させていくことはすでに述べたとおりです。身体を介して他者と相互作用する経験は、発達初期の脳の感受性期にはとりわけ大切である、このことを知った上で、社会にあふれる便利な子育てツールを選択し、適切に使うことが今後いっそう大切となります。

スマートフォンに携帯ゲーム機、タブレットなどの電子端末機器は、今や当たり前のように使われています。日本のスマートフォン市場が一気に拡大したのは、iPhone が発売された二〇〇八年頃からです。このころから、大人だけでなく、子どもたちを取り巻く環境も劇的に変化しました。そして、この時期に思春期を迎え、スマートフォンを使い始めた子どもたちが、今、二〇代半ばにさしかかろうとしています。

ヒトの脳と心の研究には長い時間が必要なため、現時点で確定的なことは言えません。しかし、こうした環境の中で脳の感受性期を経て成長してきた子どもたちの脳に、何かしらの変異が生じ始めている可能性は否定できません(図6-13)。

例えば、思春期は、現実空間で様々な価値観を持つ人と向きあい始める時期です。悩みながらも相手の心を理解しようと奮闘する対人トレーニング期間とも言えるでしょう。これは、まさにAIがもっとも苦手とするタスクです。前頭前野の感受性期にあたる思春期には、こうした経験を豊かに積むことが必要ですが、仮想空間はそうした経験を避け、逃

図6-13　現実空間と仮想空間が融合する新たな環境で育つことになるヒトの脳と心はどのように変容していくのだろうか？

げ込むことのできる選択肢を与えます。仮想空間では、自分の心のみに固執し、閉じこもることができてしまうのです。これがもたらすリスクは、インターネット依存が疑われる子どもたちの数が一〇〇万人に迫る勢いで急増している（全国の中高生の七人にひとり、二〇一八年、厚生労働省研究班）という深刻な社会問題に如実に現われていると思います。

†誰のため？　何のため？——人類の未来に思いを馳せる

私たちの環境は、技術開発の恩恵をすでに多大に受けています。本来は「便利だから使おう」であったものが、今や「使わずにはいられない」という心境、現実空間から仮想空間への傾倒が起こっていることはまぎれもない事実です。

電車の中からプラットホームを見渡すと、電車を待っている人のほとんどが現実空間で隣にいる人には目もくれず、一様にスマートフォンに向き合っている光景に異様さを感じたことがある方も多いと思います。その時、スマートフォンを持っている自分にもはっと気づくのですが。

新たな技術を応用した商品開発のターゲットは購買層、つまり、すでに完成された脳をもっている大人です。商品は売れることが第一ですから、その開発は買ってくれる大人を念頭に置いて進められます。しかし、AIが、もはや現実空間を支えるツールにとどまらず、現実空間そのものになってしまったとき、身体が環境と相互作用する仕組みは大きく変わります。その結果、そうした環境で育つことになる次世代の脳は、これまでとは異なる発達軌跡をたどり、心のはたらきにもその影響が現れることは疑いようがありません（図6-14）。

いよいよ、本書も終わりに近づいてきました。

本書を執筆してきた過程で改めて思うのは、人類が生きる未来環境の設計は「誰のため、何のため」に役立つことを期待して進められているのかという問いを、今こそ再考する必要があるということです。Society 5.0を中心とした未来環境のビジョンが描かれようとし

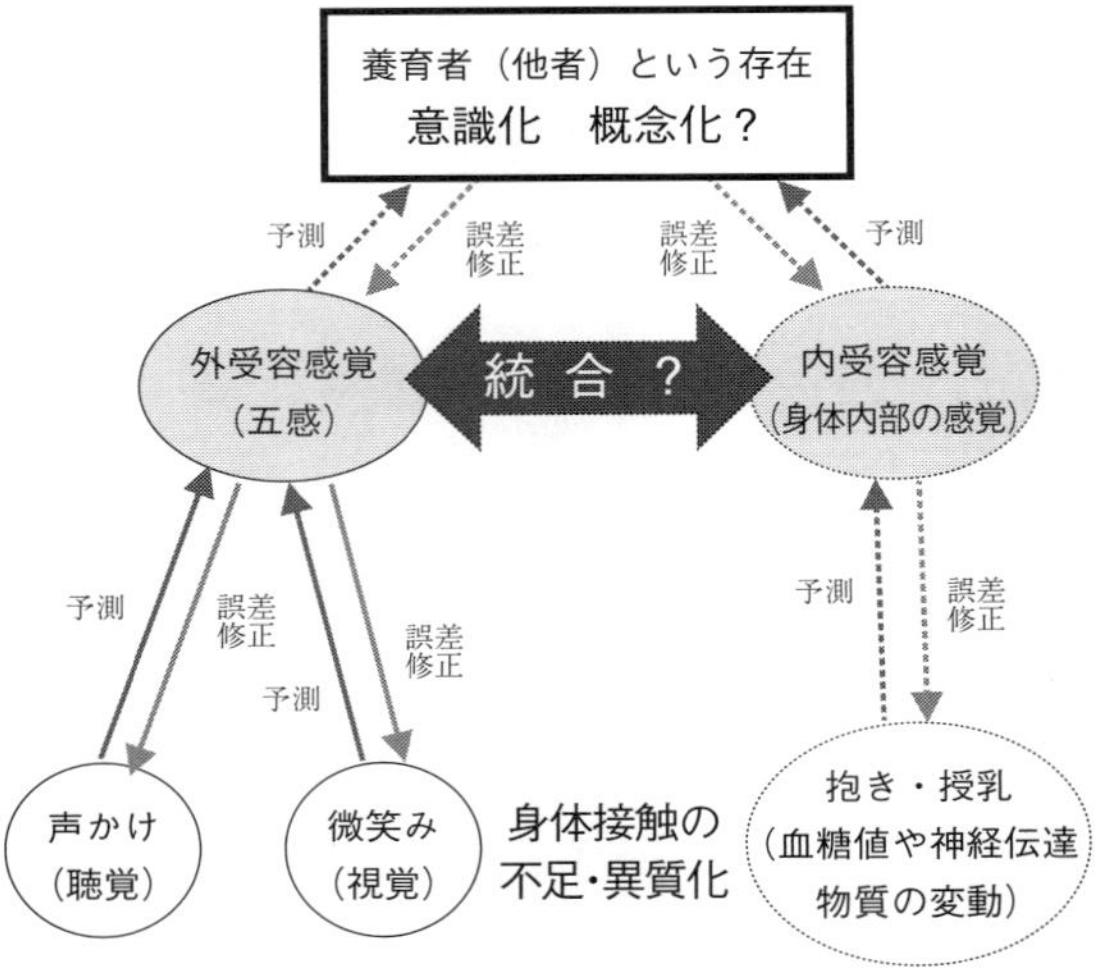

図 6-14　脳発達の感受性期に身体感覚を統合させていく経験はとても重要。情報技術を適切に使いながら次世代の育児環境を設計していく必要がある

ていますが、それはあまりに大人中心、今を生きる者中心の見方になっていないでしょうか。環境を劇的に変化させる技術開発を目指す過程で、ヒトの身体性についての知識をふまえた議論は十分なされているのでしょうか。ヒトの脳と心の発達に影響を生じさせる可能性について、科学的知見からどのくらい真剣に議論されているでしょうか。

現代社会に起こっている子育てにまつわる深刻な問題は、社会が総力をあげて喫緊に取り組むべきことは自明です。しかし、こうした問題を、技術の力に頼って解消しようとしがちな今の風潮には首をかしげたくなります。ヒトという生物にとって適応的な子育て環境は、技術ではなく、私たちの脳と心が担うべきものです。発達科学の立場からみると、これまで行われてきた少子化対策や子育て支援に関する政策の多くは、科学的根拠に基づいて立案、施行されたものではありません。ヒトらしい脳と心を次世代につないでいくために私たちがやれることは、まだまだたくさんあるのです。

しかし、今を生きるヒトが、これまで適応してきたものとは異なるレベルの環境変化を選択していくのだとしたら、それもホモ・サピエンスという生物の進化の結果なのかもしれません。進化とは合目的的なものではなく、その時代に生きた個体のうち、環境にたまたま適応的であった個体が生き残ってきただけだからです。ヒトも、これからの新たな環境に適応できる個体だけが生き残っていくのかもしれません。今言えることは、その生き残った個体が、最終的にホモ・サピエンスであり続けるかどうかはわからない、ということだけです。

皆さんは、ホモ・サピエンスとしての身体、脳と心をもつ存在としてあり続けることを望みますか。もしそうであれば、仮想世界の技術開発や、ヒトとの共生を目指したAIロボットの社会実装、とくに対人場面における利用可能性の模索は、進化の産物である生物が持つ生体システム、そのメカニズムや機能、そして進化的意義と発達の側面を十分に考慮しながら行われるべきです。とくに、ヒトの脳の発達の感受性期を意識した議論は不可欠です。時間はかかりますが、そうした議論を丁寧に重ねながら、ヒトという生物の子育てを「真に」支援しうる環境を実現するためのエビデンス・ベーストの政策を提案、具体化していかねばなりません。

結局のところ、今を生きる私たちにできること、まずなすべきことは、ヒトがAIやロボットとの共生社会に何を期待しているのか、そして、それは誰のための技術開発、未来設計なのかという基本的な問いに何度も立ち戻り、議論することだと思います。そして、その立ち戻りを可能にするのは、「ヒトとは何か」という問いを根幹とした、人間科学という基礎研究のさらなる推進にほかなりません。

比較認知発達科学は、人類がどのような環境を未来に繋いでいくべきかを議論する「かじ取り役」を果たす必要があります。その責任と期待は、ますます大きくなっていると感じています。**ヒトとは何か**——今こそ、ティンバーゲンの四つの問いから私たち自身の存在について、人類の未来について考えることが必要な時代です。

本章で取り上げてきたテーマは、科学的に裏づけられた証拠が得られているものではありません。さまざまな問いに対するはっきりした答えは、これから何十年も、何百年も先に得られることになるでしょう。あくまでも、心の進化と発達を専門として、今を生きている研究者が抱いていた私見として受けとめていただければ幸いです。

あとがき

幼い頃の記憶の中で、忘れられない光景があります。放課後、小学校のグラウンドでふと空を見上げました。夕日に赤く染まった部分が白と水色、グレーの濃淡に溶けこんでいて、水彩画のようにとてもきれいでした。そして、その空間はどこまでも高く、広く、深く、果てしなく続いているように感じました。きれいだなあ、そう思った瞬間、自分の身体がその無限の空間の中に吸い込まれていくような感覚に襲われました。どこか、知らない世界に連れて行かれそうな気がして怖くなりました。時間にすると、一分にも満たないほどの体験だったと思います。しかし、それ以来、私は、自分という存在の不確かさを強烈に意識するようになりました。生まれる前、私はどこにいたの？　いつ死ぬの？　死ぬときには何が起こるの？　どこに行くの？　こうした思いが、毎日幾度となく私の頭の中を支配しました。今、この瞬間、私は本当に生きているのだろうかと急に不安になり、胸に手を当てて心臓の鼓動を確かめ、安堵していたことも覚えています。

そのときの体験から、はや四〇年が経ちました。振り返ってみると、あの場所、あの時間に存在していた過去の私は、今の私へと確かに繫がっているようです。同時に、未来に繫がっていくであろう私についても、この年になるとかなり具体的にイメージできるようになった気がします。子どものころに感じた、自分の存在の不確かさに対する不安については、今ではその不確かさそのものが自分であると納得できるようになりました。私の心が、長い時間をかけて発達してきたことの証でしょう。

しかし、そうした私の理解は、個人の中で起こる変化というスケールにとどまっていたようです。個々のヒトの存在は時空間を超えて連綿と続き、人類の歴史という大きなスケールで変化していくということを強く実感できたのは、つい最近のことでした。

本書の骨子をまとめあげたころ、私はイスラエルへと向かいました。テルアヴィブにある大学の研究者たちと共同研究を行うためです。仕事の合間をぬって、私たちはテルアヴィブから直線距離で五〇キロメートルほど離れたエルサレムを訪問しました。

エルサレムは、ユダヤ教、キリスト教、イスラム教にとって重要な意味をもつ聖地です。四〇〇〇年という長きにわたり、この地で宗教を異にする人々が共存し、時には激しい争いを繰り返してきた。そうした教科書的知識を頭の中で反芻すればするほど、ここはあまりにも場違いな、入り込んではいけない場所のように感じられました。私とは決して交わることがない世界が眼前にある。緊張した気持ちで、旧市街地へ足を踏み入れました。

しかし、そうした思いはすぐに打ち消されてしまいました。

エルサレム神殿の外壁「嘆きの壁」では、何百人もの巡礼者が壁に向かって、一心に祈りを捧げていました。その独特の空気に包まれると身体が自然と導かれ、私も彼らに交じって壁に手を触れていました。目を閉じて、手のひら全体で壁の質感を感じていると、なぜか自然と涙があふれてきました。

紀元前七〇〇年頃に掘られた現存する世界最古の水道施設、「ヒゼキア王の水路トンネル」でも不思議な体験をしました。地下の岩壁をくり抜いたトンネルの中は、暗くひんやりとした空気に満ちていました。深いところでは腰のあたりまで水が押し寄せます。その中を電灯片手に、ひたすらじゃぶじゃぶと前進していきます。そうすると、水流の強さと冷たさだけが感じられるようになり、自然と心が無になっていきます。一〇分ほど歩いたころでしょうか。トンネルの中心部あたりまで来たとき、ふと、電灯を岩壁に当ててみました。すると、この岩壁を手でひとつひとつ掘った跡がくっきりと浮かび上がってきました。当時の人々は、手道具だけで岩を掘っていたわけですから、その大変さはいかばかりだったでしょう。どの方向に掘り進めば地上の光が見えてくるかも正確にはわからなかったはずです。それでも、彼らはひたすら、壁を掘り続けていったのです。掘り跡に手をあてると、彼らの息づかいが二七〇〇年の時を超えて直接伝わってくるように感じました。

これらの体験は、まさに、私の時間が人類の歴史と直接交差し、その時間軸に入り込んだ瞬間でした。この時代に生きていた人々から命が繋がれ、そして、私という存在が今ここにいる。そこには、宗教や文化の違いなどは存在しません。身体を持つヒトが、身体性に基づいて他者の心を理解したという、きわめて純粋かつ基本的な体験だったのでしょう。しかし、これこそが、現在そして未来の人類が向き合うべき問題解決の根幹であること、身体で直接感じること、経験することを他者と共有することによってしか、人類が抱え続けてきたさまざまな問題をわが事として理解し、向き合うことはできないことを、まさに身をもって感じたのです。

旧市街地を抜けたところにある空き地では、現地の子どもたちが満面の笑みでサッカーに興じていました。彼らの表情やしぐさは、日本に生きている子どもたちと何ら変わりがありません。未来を担うこの子どもたちに、私がここで強く感じた思いを繋いでいってほしい、そう願いながら、エルサレムを後にしました。

ここで述べた私的な体験は、私の人生で起こった単なる偶然にすぎません。しかし、ヒトは偶然の中に意味を見出すのが得意な、不思議な生物です。その偶然を「縁《えん》」と解釈し、意味を見出し、納得することができたら、次に出会うであろう偶然も悔いなく納得して受け止めることができるような気がします。これまで私が得てきた縁を大事にしたい。ヒトは個人というスケールで、歴史というスケールで発達するということを正しく理解すること、それを社会で広く共有してもらうことで、人類の未来をともに考え、創りあげていくことに繋げていきたい。そうした思いを抱きながら、帰国後、拙書を書き終えました。

この本で紹介した研究は、文部科学省科学研究費補助金（24119005、17H01016、19K21813）、国立研究開発法人科学技術振興機構（ＪＳＴ）研究成果展開事業（COI JPMJCE1307）などの支援を受けて行ってきたものです。執筆にあたっては、松沢哲郎、長谷川寿一、長谷川眞理子、國吉康夫、乾敏郎、岡ノ谷一夫、河井昌彦、友田明美、佐倉統、菊水健史、平田聡をはじめとする諸先生方との出会いと大きな導きがありました。また、田中友香理、Lira Yu、Françoise Diaz、今福理博、新屋裕太、松永倫子さんたち、ここで名前を挙げることができない多くの方々と志を共有しながら研究を進め、新たな知を社会に届けることができていることに感謝しています。青山証子さん、小林慧さん、上田綾子さんには、研究活動の枠を超えていつも温かく支えてもらっています。

長い時間がかかりましたが、拙書を皆さんに届けることができたのは、筑摩書房編集部の橋本陽介さんのおかげです。今の時代にこそ、ヒトという存在のありかたをしっかり考えることが必要だという思いに共感いただき、二年もの間、辛抱強く原稿を待ち続けて下さいました。

そして、かけがえのない偶然によって私のもとに生まれ、研究者として親として、私の成長を導き続けてくれている春と朝へ、そして、これから生を享けるまだ見ぬ次の世代の皆さんへ。地球の未来へバトンを繋いでくれて、ありがとう。

二〇一九年初秋　今の偶然に感謝して

明和政子

参考文献

本書を執筆するにあたっては多くの書籍や学術論文を参考にしましたが、ここでは日本語で読める一般向けの文献のみを挙げておきます。

序　章

NHKスペシャル取材班（著）『ママたちが非常事態!?　最新科学で読み解くニッポンの子育て』ポプラ社、二〇一六年

根ヶ山光一・柏木惠子（編）『ヒトの子育ての進化と文化』有斐閣、二〇一〇年

デボラ・ブラム（著）・藤澤隆史・藤澤玲子（訳）『愛を科学で測った男――異端の心理学者ハリー・ハーロウとサル実験の真実』白揚社、二〇一四年

第一章

長谷川眞理子『生き物をめぐる4つの「なぜ」』集英社新書、二〇〇二年

亀田達也『モラルの起源――実験社会科学からの問い』岩波新書、二〇一七年

松沢哲郎『想像するちから――チンパンジーが教えてくれた人間の心』岩波書店、二〇一一年

明和政子『まねが育むヒトの心』岩波ジュニア新書、二〇一二年

デイヴィッド・プレマック・アン・プレマック（著）・長谷川寿一（監）・鈴木光太郎（訳）『心の発生と進化――チンパンジー、赤ちゃん、ヒト』新曜社、二〇〇五年

理化学研究所　脳科学総合研究センター（編）『つながる脳科学――「心のしくみ」に迫る脳研究の最前線』講談社ブ

ルーバックス、二〇一六年
山極寿一『「サル化」する人間社会』集英社インターナショナル、二〇一四年

第二章

開一夫『赤ちゃんの不思議』岩波新書、二〇一一年
カタリーナ・ヴェストレ（著）・安田容子（訳）『あなたが生まれてくるまでの話――胎児の科学』河出書房新社、二〇一九年
森口佑介『おさなごころを科学する――進化する幼児観』新曜社、二〇一四年
明和政子『心が芽ばえるとき――コミュニケーションの誕生と進化』NTT出版、二〇〇六年
最相葉月・増﨑英明（著）『胎児のはなし』ミシマ社、二〇一九年

第三章

安西祐一郎・今井むつみ・入來篤史・梅田聡・片山容一・亀田達也・開一夫・山岸俊男（編）『岩波講座　コミュニケーションの認知科学3　母性と社会性の起源』岩波書店、二〇一四年
ラリー・ヤング・ブライアン・アレグザンダー（著）・坪子理美（訳）『性と愛の脳科学――新たな愛の物語』中央公論新社、二〇一五年
シャスティン・ウヴネース・モベリ（著）・大田康江（訳）・井上裕美（監訳）『オキシトシンがつくる絆社会――安らぎと結びつきのホルモン』晶文社、二〇一八年

第四章

安藤寿康『なぜヒトは学ぶのか――教育を生物学的に考える』講談社現代新書、二〇一八年

J・N・ギード「10代の脳の謎」『日経サイエンス 特集：子どもの脳と心』二〇一六年三月号、三六―四二頁（The Amazing Teen Brain, SCIENTIFIC AMERICAN, June 2015）
ヘンシュ貴雄「集中学習の窓――臨界期のパワー」『日経サイエンス 特集：子どもの脳と心』二〇一六年三月号、五〇―五五頁（The Power of the Infant Brain, SCIENTIFIC AMERICAN, February 2016）
乾敏郎『脳科学からみる子どもの心の育ち――認知発達のルーツをさぐる』ミネルヴァ書房、二〇一三年
仲野徹『エピジェネティクス――新しい生命像をえがく』岩波新書、二〇一四年
大隅典子『脳の誕生――発生・発達・進化の謎を解く』ちくま新書、二〇一七年

第五章

今福理博『赤ちゃんの心はどのように育つのか――社会性とことばの発達を科学する』ミネルヴァ書房、二〇一九年
西澤哲『子ども虐待』講談社現代新書、二〇一〇年
友田明美『子どもの脳を傷つける親たち』NHK出版新書、二〇一七年
乾敏郎『感情とはそもそも何なのか――現代科学で読み解く感情のしくみと障害』ミネルヴァ書房、二〇一八年

第六章

キャシー・オニール（著）・久保尚子（訳）『あなたを支配し、社会を破壊する、AI・ビッグデータの罠』インターシフト、二〇一八年
松尾豊『人工知能は人間を超えるか――ディープラーニングの先にあるもの』角川EPUB選書、二〇一五年
西垣通『AI原論――神の支配と人間の自由』講談社選書メチエ、二〇一八年
ノーム・チョムスキー・レイ・カーツワイル・マーティン・ウルフ・ビャルケ・インゲルス・フリーマン・ダイソン（著）吉成真由美（編）『人類の未来――AI、経済、民主主義』NHK出版新書、二〇一七年

櫻井武『「こころ」はいかにして生まれるのか――最新脳科学で解き明かす「情動」』講談社ブルーバックス、二〇一八年
ユヴァル・ノア・ハラリ（著）・柴田裕之（訳）『サピエンス全史――文明の構造と人類の幸福（上・下）』河出書房新社、二〇一六年
ヴァイバー・クリガン＝リード（著）・水谷淳・鍛原多惠子（訳）『サピエンス異変――新たな時代「人新世」の衝撃』飛鳥新社、二〇一八年

ちくま新書
1442

ヒトの発達《はったつ》の謎《なぞ》を解《と》く
——胎児《たいじ》期《き》から人類《じんるい》の未来《みらい》まで

二〇一九年一〇月一〇日 第一刷発行
二〇二五年 一 月二五日 第六刷発行

著　者　明和政子（みょうわ・まさこ）

発行者　増田健史

発行所　株式会社 筑摩書房
東京都台東区蔵前二-五-三 郵便番号一一一-八七五五
電話番号〇三-五六八七-二六〇一（代表）

装幀者　間村俊一

印刷・製本　株式会社 精興社

ISBN978-4-480-07255-9 C0245

746
安全。でも、安心できない…
――信頼をめぐる心理学
中谷内一也
凶悪犯罪、自然災害、食品偽装……。現代社会に潜むリスクを「適切に怖がる」にはどうすべきか？　理性と感情のメカニズムをふまえて信頼のマネジメントを提示する。

757
サブリミナル・インパクト
――情動と潜在認知の現代
下條信輔
巷にあふれる過剰な刺激は、私たちの情動を揺さぶり潜在脳に働きかけて、選択や意思決定にまで影を落とす。心の潜在性という沃野から浮かび上がる新たな人間観とは。

802
心理学で何がわかるか
村上宣寛
性格と遺伝、自由意志の存在、知能のはかり方……。これらの問題を考えるには科学的方法が必要だ。俗説や疑似科学を退け、本物の心理学を最新の知見で案内する。

981
脳は美をどう感じるか
――アートの脳科学
川畑秀明
なぜ人はアートに感動するのだろうか。モネ、ゴッホ、フェルメール、モンドリアン、ポロックなどの名画を題材に、人間の脳に秘められた最大の謎を探究する。

1321
「気づく」とはどういうことか
――こころと神経の科学
山鳥重
「なんで気づかなかったの」など、何気なく使われるこの言葉を手掛かりにこころの不思議に迫っていく。注意力が足りない、集中できないとお悩みの方に効く一冊。

1423
ヒューマンエラーの心理学
一川誠
仕事も勉強も災害避難の判断も宝くじも、直感はもちろん熟考さえも当てにならない。なぜ間違えてしまうのか。錯覚・錯視の不思議から認知バイアスの危険まで。

1202
脳は、なぜあなたをだますのか
――知覚心理学入門
妹尾武治
オレオレ詐欺、マインドコントロール、マジックにだまされるのは、あなたの脳が、あなたを裏切っているからだ。心理学者が解き明かす、衝撃の脳と心の仕組み。

363　からだを読む　養老孟司
自分のものなのに、人はからだのことを知らない。たまにはからだのことを考えてもいいのではないか。口から始まって肛門まで、知られざる人体内部の詳細を見る。

434　意識とはなにか　――〈私〉を生成する脳　茂木健一郎
物質である脳が意識を生みだすのはなぜか？　すべてを感じる存在としての〈私〉とは何ものか？　人類に残された究極の問いに、既存の科学を超えて新境地を展開！

570　人間は脳で食べている　伏木亨
「おいしい」ってどういうこと？　生理学的欲求、脳内物質の状態から、文化的環境や「情報」の効果まで、さまざまな要因を考察し、「おいしさ」の正体に迫る。

795　賢い皮膚　――思考する最大の〈臓器〉　傳田光洋
外界と人体の境目――皮膚。様々な機能を担っているが、驚くべきは脳に比肩するその精妙で自律的なメカニズムである。薄皮の秘められた世界をとくとご堪能あれ。

879　ヒトの進化　七〇〇万年史　河合信和
画期的な化石の発見が相次ぎ、人類史はいま大幅な書き換えを迫られている。つい一万数千年前まで生きていた謎の小型人類など、最新の発掘成果と学説を解説する。

942　人間とはどういう生物か　――心・脳・意識のふしぎを解く　石川幹人
人間とは何だろうか。古くから問われてきたこの問いに、認知科学、情報科学、生命論、進化論、量子力学などを横断しながらアプローチを試みる知的冒険の書。

970　遺伝子の不都合な真実　――すべての能力は遺伝である　安藤寿康
勉強ができるのは生まれつきなのか？　IQ・人格・お金を稼ぐ力まで、「能力」の正体を徹底分析。行動遺伝学の最前線から、遺伝の隠された真実を明かす。

ちくま新書

1297 脳の誕生 ——発生・発達・進化の謎を解く 大隅典子

思考や運動を司る脳は、一個の細胞を出発点としてどのように出来上がったのか。30週、20年、10億年の各視点から、その小宇宙が形作られる壮大なメカニズムを追う!

1328 遺伝人類学入門 ——チンギス・ハンのDNAは何を語るか 太田博樹

古代から現代までのゲノム解析研究が語る、我々のルーツとは。進化とは、遺伝とは、を根本から問いなおし、人類の遺伝子が辿ってきた歴史を縦横無尽に解説する。

1387 ゲノム編集の光と闇 ——人類の未来に何をもたらすか 青野由利

世界を驚愕させた「ゲノム編集ベビー誕生」の発表。生命の設計図を自在に改変する最先端の技術を基礎から解きほぐし、利益と問題点のせめぎ合いを真摯に追う。

1264 汗はすごい ——体温、ストレス、生体のバランス戦略 菅屋潤壹

もっとも身近な生理現象なのに誤解されている汗。大量の汗では痩身も解熱もしない。でも上手にかけばメリットも多い。温熱生理学の権威が解き明かす汗のすべて。

1018 ヒトの心はどう進化したのか ——狩猟採集生活が生んだもの 鈴木光太郎

ヒトはいかにしてヒトになったのか? 道具・言語の使用、文化・社会の形成のきっかけは狩猟採集時代にあった。人間の本質を知るための進化をめぐる冒険の書。

958 ヒトは一二〇歳まで生きられる ——寿命の分子生物学 杉本正信

ストレスや放射能、病原体に打ち勝ち長生きする力は誰にでも備わっている。長寿遺伝子や寿命を支える免疫・修復・再生のメカニズムを解明。長生きの秘訣を探る。

339 「わかる」とはどういうことか ——認識の脳科学 山鳥重

人はどんなときに「あ、わかった」「わけがわからない」などと感じるのか。そのとき脳では何が起こっているのだろう。認識と思考の仕組みを説き明す刺激的な試み。

ちくま新書

1137
たたかう植物
――仁義なき生存戦略
稲垣栄洋
じっと動かない植物の世界。しかしそこにあるのは穏やかな癒しなどではない！　昆虫と病原菌と人間の仁義なきバトルに大接近！　多様な生存戦略に迫る。

968
植物からの警告
湯浅浩史
いま、世界各地で生態系に大変化が生じている。植物と人間のいとなみの関わりを解説しながら、環境変動の実態を現場から報告する。ふしぎな植物のカラー写真満載。

1157
身近な鳥の生活図鑑
三上修
愛らしいスズメ、情熱的な求愛をするハト、人間をも利用する賢いカラス……。町で見かける鳥たちの生活には、発見がたくさん。カラー口絵など図版を多数収録！

1263
奇妙で美しい　石の世界〈カラー新書〉
山田英春
瑪瑙を中心とした模様の美しい石のカラー写真とともに、石に魅了された人たちの数奇な人生や、歴史上の逸話、旅先の思い出など、国内外の様々な石の物語を語る。

1315
大人の恐竜図鑑
北村雄一
陸海空を制覇した恐竜の最新研究の成果と雄姿を再現。日本で発見された化石、ブロントサウルスの名前が消えた理由、ティラノサウルスはどれほど強かったか……。

1317
絶滅危惧の地味な虫たち
――失われる自然を求めて
小松貴
環境の変化によって滅びゆく虫たち。なかでも誰もが注目しないやつらに会うために、日本各地を探訪する。果たして発見できるのか？　虫への偏愛がダダ漏れ中！

1425
植物はおいしい
――身近な植物の知られざる秘密
田中修
季節ごとの旬の野菜・果物・穀物から驚きの新品種、香りの効能、認知症予防まで、食べる植物の「すごい」「おもしろい」「ふしぎ」な話題を豊富にご紹介します。

ちくま新書

1222
イノベーションはなぜ途絶えたか
――科学立国日本の危機
山口栄一
かつては革新的な商品を生み続けていた日本の科学産業はなぜダメになったのか。シャープの危機や日本政府のベンチャー育成制度の失敗を検証。復活への方策を探る。

1231
科学報道の真相
――ジャーナリズムとマスメディア共同体
瀬川至朗
なぜ科学ジャーナリズムで失敗が起こり、読者の不信感を引き起こすのか？　原発事故・STAP細胞・地球温暖化など歴史的事例から、問題発生の構造を徹底検証。

950
ざっくりわかる宇宙論
竹内薫
宇宙はどうはじまったのか？　宇宙は将来どうなるのか？　宇宙に果てはあるのか？　過去、今、未来を縦横無尽に行き来し、現代宇宙論をわかりやすく説き尽くす。

954
生物から生命へ
――共進化で読みとく
有田隆也
「生物」＝「生命」なのではない。共進化という考え方、人工生命というアプローチを駆使して、環境とのかかわりから文化の意味までを解き明かす、一味違う生命論。

966
数学入門
小島寛之
ピタゴラスの定理や連立方程式といった基礎の基礎を出発点に、美しく深遠な現代数学の入り口まで到達する道筋がある！　本物を知りたい人のための最強入門書。

1156
中学生からの数学「超」入門
――起源をたどれば思考がわかる
永野裕之
算数だけで十分じゃない？　数学嫌いから聞こえてくるそんな疑問に答えるために、中学レベルから「数学的な思考」に刺激を与える読み物と問題を合わせた一冊。

1203
宇宙からみた生命史
小林憲正
生命誕生の謎を解き明かす鍵は「宇宙」にある。惑星探索や宇宙観測によって判明した新事実と、従来の化学進化的プロセスをあわせ論じて描く最先端の生命史。